Peter Röckl

W0351132

DEN FLASCHENGEIST ENTKORKEN – MITARBEITER MOTIVIEREN

Peter Röckl

DEN FLASCHENGEIST ENTKORKEN – MITARBEITER MOTIVIEREN

Wie Sie die Kräfte Ihrer Belegschaft entfesseln

Tectum Verlag

Peter Röckl

DEN FLASCHENGEIST ENTKORKEN – MITARBEITER MOTIVIEREN.
Wie Sie die Kräfte Ihrer Belegschaft entfesseln

ISBN: 978-3-8288-9897-4

Umschlagabbildung: istockphoto.com © geopaul

Fotos: LGA Nürnberg

Besuchen Sie uns im Internet
www.tectum-verlag.de

Bibliografische Informationen der Deutschen Nationalbibliothek
Die Deutsche Nationalbibliothek verzeichnet diese Publikation in der Deutschen Nationalbibliografie; detaillierte bibliografische Angaben sind im Internet über http://dnb.ddb.de abrufbar.

INHALT

I EINFÜHRUNG

„Die Würde des Menschen ist unantastbar" – Artikel 1 Absatz 1 Grundgesetz

Vielleicht ist es Zufall, dass ich die letzten Zeilen dieses Buches am 20. Januar 2009 geschrieben habe, dem Tag der Vereidigung von Barack Obama, dessen Name weltweit mittlerweile fast für eine Überdosis Hoffnung steht. Vor allem nach unendlicher Zuversicht, die dieser charismatische 44. Präsident der Vereinigten Staaten ausstrahlt und verkörpert, sehnen sich die Menschen in diesen turbulenten Zeiten. Mal Hand aufs Herz: Haben Sie vor einem Jahr die brachiale Wucht dieser Finanzkrise, dieser Kernschmelze der Kapitalmärkte, auch nur im Ansatz erahnen können? Hätten Sie Monate später Wortschöpfungen wie „Not leidende Banken" oder „Bangster" erwartet? Ich vermute kaum, denn angesichts der ersten Hiobsbotschaften aus dem „Spielcasino" der globalen Wirtschaft konnte sich wohl niemand die Auswirkungen dieses Finanz-Tornados vorstellen, der nun Banken in eine schwere Depression stürzt, Unternehmen wie Dominosteine fallen lässt und die großen Volkswirtschaften in tiefer Ratlosigkeit zurücklässt. Und der nun Manager, Banker und Finanzprofis gehäuft in die Selbsttötung treibt. Selbst die Wirtschaftsinstitute konnten in ihrem „Wetterbericht" das Ausmaß des heranziehenden Sturmtiefs in ihrer Auswirkung nicht annähernd abschätzen. Und ähnlich schwer tun sich heute die Firmenchefs mit Zukunftsprognosen. Selbst der sonst so souveräne Josef Ackermann von der Deutschen Bank musste sich enttäuscht vom Rekordverlust seiner Deutschen Bank „anzählen" lassen. Und auch das unermüdliche Übermorgenland Dubai wird plötzlich zu einer Verschnaufpause gezwungen.

Dabei ist es auch ohne Finanzkrise schon längst ungemütlich in vielen Unternehmen geworden. Ziemlich ungemütlich sogar, wenn man jüngeren Umfragen glauben kann. Experten gehen mittlerweile davon aus, dass 15 bis 25 Prozent aller Erwerbstätigen in Deutschland deutliche Burn-out-Symptome, wie beispielsweise Schlaf- und Konzentrationsstörungen, Magenbeschwerden oder Angstzustände, aufweisen. Psychische Störungen rangieren mit einem Anteil von 12 Prozent bereits an dritter Stelle der häufigsten Krankheitsarten – Tendenz stark steigend.

Die Ursachen hierfür mögen vielschichtig sein: Von der mehr denn je allgegenwärtigen Angst den Arbeitsplatz zu verlieren und anschließend im Meer der Hartz-IV-Empfänger gesellschaftlich unterzugehen über die hoffnungslose Überforderung des Einzelnen in unserer Turbo beschleunigten Informationsgesellschaft bis hin zu einem miserablen Arbeitsklima in den Firmen – das Ergebnis ist erschreckend, Globalisierung und Finanzkrise hinterlassen ihre hässlichen Spuren. Nur 47 Prozent der deutschen Arbeitnehmer sind wirklich motiviert im Job, wie eine Befragung von „The Executive Committee", einer Organisation mittelständischer Führungskräfte herausfand. Die restlichen 53 Prozent haben sich innerlich bereits von ihren Arbeitgebern verabschiedet. Noch drastischer erscheinen die Zahlen des US-Meinungsforschungsinstituts Gallup aus dem Januar 2009: Zwei Drittel der Beschäftigten in Deutschland machen lediglich Dienst nach Vorschrift und 20 Prozent haben nach der Studie bereits innerlich gekündigt. Ursache hierfür sind Defizite in der Personalführung, wobei viele Beschäftigte klagten, dass sie zu wenig Anerkennung für ihre Arbeit erhielten und ihre Meinung im Unternehmen nicht gehört würde. Welch ein Offenbarungseid der Führungskräfte: Sie haben in ihren Unternehmen keine Mehrheiten mehr. Oder anders formuliert: Die Manager erreichen ihre Mitarbeiter nicht mehr. Das geva-Institut in München stellt nach einer Umfrage hierzu ergänzend fest, dass jeder fünfte Arbeitnehmer seinen Chef sogar hasst; 88 Prozent halten ihn zumindest für schwierig.

Diese Kluft zwischen Führungskräften und ihren Mitarbeitern schafft „blutleere" Unternehmen, die das enorme Potential, das in ihren Mitarbeitern steckt, einfach grob fahrlässig verschleudern.

„Angst essen Seele auf" – Ein Film von Rainer Werner Fassbinder

Wer mit Angst zur Arbeit geht, kann keine Kunden begeistern! Wer nicht frei ist im Kopf, für den bleibt Kreativität ein Fremdwort! Wer frustriert ist, der wird nichts, aber auch gar nichts zum Erfolg des Unternehmens beitragen! Schätzungen gehen davon aus, dass die deutsche Wirtschaft jährlich allein durch psychische Erkrankungen 2,5 Mrd. Euro verliert. Welch eine Verschwendung, die es zu stoppen gilt.

Wer aber kann diese Atmosphäre der Frustration in unseren Unternehmen ändern? Meine Antwort lautet klar und deutlich: Sie! Ja genau, Sie als Führungskraft sind jetzt gefordert! Wer sonst als Sie hätte die Möglichkeiten und insbesondere die Macht im Unternehmen Dinge zu bewegen und zu verändern. Hierzu ist es aber auch erforderlich, dass Sie ihrem Namen als Führungskraft alle Ehre machen. Merken Sie sich bitte: In Ihrer Berufsbezeichnung steckt das Wort **Kraft**! Das ist für alle Führungskräfte eine Verpflichtung, aber auch eine Herausforderung.

Wer ist denn nun eigentlich Führungskraft? Meine Antwort hierzu ist einfach: Jeder, der in einem Unternehmen, einer Behörde oder auch in einer Organisation Verantwortung für Menschen hat. Ganz egal, auf welcher Hierarchiestufe er selbst steht. Ich möchte sogar noch einen Schritt weiter gehen. Führungskraft nach dem Verständnis dieses Buches sind für mich auch die Vorsitzenden von Betriebs- oder Personalrat. Wenn sie ihr Amt ernst nehmen, dann arbeiten sie konstruktiv an der Gestaltung ihres Unternehmens mit. Und eben weil einem engagierten Betriebsrat die Unternehmenskultur am Herzen liegen dürfte, sollte er sie gemeinsam mit der Geschäftsleitung im Rahmen seiner Möglichkeiten mitgestalten. Ich plädiere nachhaltig für eine lebendige vertrauensvolle Zusammenarbeit mit den Betriebs- und Personalräten (nicht nur, weil's im Betriebsverfassungs- bzw. Personalvertretungsgesetz steht), für eine ehrliche Einbindung der Mitarbeitervertretung in Entscheidungsprozesse. Altes Front- und „Klassenkampfdenken" können wir uns meines Erachtens heute nicht mehr leisten.

Ich möchte Sie mit diesem Buch ermutigen, dass Sie notwendige Veränderungen in Ihrem Unternehmen kraftvoll angehen. Ihr Unternehmen zu Ihrem ganz persönlichen Kraftwerk umgestalten. Und Sie damit Ihren individuellen Beitrag leisten, um das negative Managerbild in unserer Öffentlichkeit zu korrigieren.

Ein Erscheinungsbild, an dem einzelne Manager nicht ganz schuldlos sind. Wer in Mitarbeitern in allererster Linie nicht mehr Menschen mit all ihren Gefühlen, Wünschen und auch Ängsten sieht, sondern diese zu Humankapital (welch ein zynisches Wort!) oder Produktionsressourcen reduziert und in Folge dessen die Belegschaften als frei verfügbare und verschiebbare Masse betrachtet, der braucht sich nicht zu wundern, wenn ihm diese Mitarbeiter die Gefolgschaft verweigern. Wessen einzige Antwort auf die Herausforderungen der Globalisierung Personalabbau, Werksschließungen und Arbeitsplatzverlagerungen, verbunden mit ständiger Drohkulisse, sind, der agiert weder verantwortungsvoll noch nachhaltig, sondern schlicht und einfach phantasielos und manchmal leider auch skrupellos.

„Arbeitsplätze abzubauen ist Schwerstarbeit, Arbeitsplätze zu schaffen erfordert Genies" – Tom Peters

Dieses Buch ist vor diesem Hintergrund ein Plädoyer für eine strategische Unternehmensführung, die langfristig angelegt sein muss. Es ist eine klare Absage an den Shareholder-Value-Wahn, der lediglich die möglichst kurzfristige Steigerung des Unternehmensgewinns und des Anteilswerts im Fokus hat. Und meist nur einseitig die Interessen der Anteilseigner bedient, oft zu Lasten von Beschäftigten und manchmal auch von Geschäftspartnern und Kunden.

Manager werden heute häufig von den internationalen Kapitalmärkten getrieben, die eine nüchterne und glasklare Philosophie im Hinblick auf die Unternehmensführung vertreten: Was bringt diese oder jene Entscheidung dem Aktienkurs? Den Aktienkurs in Schwung zu bringen, egal mit welchen Mitteln – das ist das Ziel von Private-Equity-Gesellschaften und den internationalen Kapitalgebern. Der Ex-Vorstandsvorsitzende der Telekom, Kai-Uwe Ricke, kann hiervon und von seiner Erfahrung mit dem Aktionär Blackstone ein Lied singen. Manager werden in diesem „Überlebenskampf" immer häufiger zu kurzfristig orientierten Entscheidungen getrieben, die langfristigen Strategien im Wege stehen können. Wie anders ist es sonst zu verstehen, dass der Vorstandsvorsitzende von Siemens, Peter Löscher, trotz prall gefüllter Auftragsbücher in 2008 den Abbau von 17.000 Mitarbeitern ankündigte und noch zynisch hierzu meinte, dies sei eine Kostensenkungsmaßnahme und kein Personalabbauprogramm. Und gering schätzend anfügte, er möchte die „Lehmschicht" im Unternehmen, das mittlere Management abbauen. Worte können entlarvend sein – ich jedenfalls möchte nicht als Lehmschicht bezeichnet werden. Förderlich für die Unternehmenskultur sind solche grobschlächtigen Eingriffe keineswegs. Oder Bernd Buchholz, der Chef der deutschen Zeitschriften bei Gruner + Jahr, der auf einem Verlegertreffen angesichts der Anzeigenkrise seinen Redakteuren drohte, „man müsse den Leuten auf dem Sonnendeck sagen, dass sie ihre Liegestühle und Drinks beiseite stellen müssen". Aha, seine Mitarbeiter spannen bei ihrer Arbeit also in Liegestühlen mit einem Cocktail aus. Welche Geringschätzung ihrer Arbeit vom Vorgesetzten. Ich kenne Bernd Buchholz nicht, lege allerdings auch keinen Wert darauf, seine Bekanntschaft zu machen, geschweige denn für ihn zu arbeiten. Chefs mit derartigen Parolen manövrieren sich langfristig selbst ins Abseits oder in eine unternehmerische Isolationshaft.

Ich bin der Auffassung, dass ein Unternehmen nicht nur den Aktionären oder Anteilseignern, sondern immer auch seinen Mitarbeitern und seinen Kunden verpflichtet sein sollte. Ich nenne dies das **magische Dreieck** der Unternehmensführung: Anteilseigner, Mitarbeiter und Kunden sollen möglichst ausgewogen vom Unternehmen profitieren. Wird eine Gruppe längere Zeit von einem Unternehmen benachteiligt, so wird das langfristig zu einem Nachteil im Wettbewerb führen. Ich verzichte an dieser Stelle auf eine beispielhafte Aufzählung „gescheiterter", weil zu einseitiger Unternehmenskonzepte. Lieber möchte ich mich in diesem Buch mit erfolgreichen und positiven Gegenentwürfen beschäftigen.

Dieses Buch ist im Übrigen auch eine Absage an eine reinrassige Kostensenkungspolitik. Damit ich hier nicht falsch verstanden werde: Kostenmanagement ist wichtig, darf aber nicht der zentrale Schwerpunkt der Unternehmensführung sein. Wie phantasielos agieren ganze Heerscharen von Managern, denen wenig zu einer Zukunftsstrategie, nahezu nichts zu Innovationen, aber dafür sehr viel zum Personalabbau einfällt. Dieses ständige Cost-Cutting führt solche bedauernswerten Firmen gerade im globalen Wettbewerb schnurstracks in die Sackgasse und dann final gegen die Wand!

Dies gilt ganz besonders für Hochlohnländer wie den Standort Deutschland. Professor Meinhard Miegel brachte diese Problematik im Rahmen eines Interviews mit dem ZDF Heute-Journal anlässlich der Schließung des AEG-Werks Nürnberg durch die schwedische Muttergesellschaft Elektrolux präzise auf den Punkt. Gefragt, ob deutsche Unternehmen im weltweiten Wettbewerb überhaupt noch die inländischen Arbeitsplätze durch weiteren Lohnverzicht sichern könnten (z.B. 10%), antwortete er: Vielleicht in einzelnen Branchen, generell jedoch nicht, denn dafür sei der Lohnkostenunterschied gerade zu den asiatischen Ländern oder zu den osteuropäischen Beitrittsländern einfach zu groß. Führen wir uns das noch einmal vor Augen: Ein polnischer Arbeiter verdient in der Stunde etwa 4,30 €, ein vergleichbarer Arbeitnehmer in Deutschland etwa das Siebenfache. Das sind aktuell Dimensionen, die nicht egalisierbar sind. Insoweit führen wir bedauerlicherweise mit der fortdauernden Lohnsenkungsdebatte eine fruchtlose Geisterdiskussion am Standort Deutschland. Viel besser und Ziel führender sind aus meiner Sicht jene Kraftanstrengungen, die auf innovatives Denken und die Motivation der Mitarbeiter in den Unternehmen gerichtet sind.

Dies erfordert jedoch von den Managern ein grundsätzliches Umdenken und vor allem Mut zu einer anderen Unternehmensführung. Deshalb habe ich dieses Buch geschrieben und versuche hierzu Denkansätze zu liefern. Dieses Buch ist keine blanke Theorie; die meisten Beispiele wurden von mir und meinen Kollegen in der Praxis erprobt. Erlauben Sie mir vorab noch eine grundsätzliche Bemerkung: Wenn Sie zu den Führungskräften gehören, in deren Sprachrepertoire die „Killerphrasen" „geht nicht" oder „das haben wir schon immer so gemacht" generell vorkommen, dann sollten Sie eigentlich nicht mehr weiter lesen. Es sei denn, Sie möchten Ihren Führungsstil und die Kultur in Ihrem Unternehmen verändern.

Ich selbst habe jetzt 27 Berufsjahre hinter mir – 10 Jahre als „Geführter" und 17 Jahre als Vorgesetzter in verschiedenen Funktionen: Abteilungsleiter, Bereichsleiter, Direktor, Geschäftsführer, Aufsichtsrat. Ich durfte mit meinen Mitarbeitern (wenn ich in diesem Buch von Mitarbeitern spreche, sind selbstverständlich auch immer die Mitarbeiterinnen gemeint!) Erfolge feiern, aber auch Niederlagen erleben. Es war mir durch die Sanierung zweier Unternehmen vergönnt, viele Arbeitsplätze zu retten; ich war aber auch gezwungen, Menschen ihren Arbeitsplatz zu nehmen. Und ich habe bei allem redlichen Bemühen wie einige meiner früheren Chefs Fehler gemacht, besonders im Bereich der Mitarbeiterführung. Und dabei erkannt, wie schwierig es ist, Vorgesetzter in einem Unternehmen zu sein.

Wie viele Manager wurde ich mit Antritt meiner ersten Führungsposition „ins kalte Wasser geworfen". Ich stimme insoweit Malik[1] zu, dass nur wenige Führungskräfte eine systematische Ausbildung im Management haben. An den Universitäten oder Fachhochschulen wird man zwar zum Fachmann ausgebildet; Managementfähigkeiten werden dort im Regelfall nicht vermittelt. Malik beschreibt dieses Manko plastisch:

---

1 Malik F., Führen – Leisten – Leben, Heyne, 2001

Niemand würde sich von einem Chirurgen operieren lassen, wenn dieser eine ähnlich unvollständige Ausbildung wie die heutigen Manager hätte.

So habe auch ich zu Beginn meiner Managementtätigkeit nahezu ausschließlich von meinen Erfahrungen als „Geführter“ gelebt. Ich meine heute rückblickend, dass man gerade als „Geführter“ mit einem klaren Blick rasch erkennt, ob man mit einem guten oder schwachen Vorgesetzten zusammen arbeitet.

In meinen Augen gute Vorgesetzte, die es verstanden hatten, mich zu motivieren und die ich nicht selten dafür bewunderte, versuchte ich zu kopieren. Und ich bemühte mich die Fehler der „schwachen“ Chefs möglichst nicht fortzuführen.

Durch Beobachten, eigene Erfahrung, aber auch – was oftmals sehr schmerzlich war – durch selbst gemachte Fehler entwickelte ich über die Jahre einen persönlichen Stil der Unternehmensführung. Ich habe erkannt, dass die Konzentration auf Wesentliches, auf Mitarbeiter, Kunden und Innovation, zwangsläufig zum Erfolg führt. Und dass Individualität jedes Unternehmen unverwechselbar, eben anders, macht. Erfolg eines Unternehmens ist in diesem Sinne mehr als lediglich eine gute Eigenkapitalrendite!

Exzellente Unternehmen und ihre Manager sind andersartig; sie haben neben der Gewinnorientierung Werte oder bildlich ausgedrückt: Sie haben eine Seele! Und sie berühren die Herzen ihrer Mitarbeiter und ihrer Kunden.

Diese Vorstellung treibt mich seit Jahren an: Es geht darum, als Manager für eine bessere Unternehmenskultur zu kämpfen; es geht darum, unsere Unternehmen zu Wohlfühlcentern für ihre Mitarbeiter und Kunden zu machen. Es geht um die Schaffung von Mehrwert für unsere Gesellschaft, sei es durch innovative Produkte und Dienstleistungen oder durch die Schaffung von Arbeitsplätzen.

Ich will mit diesem Buch Denkansätze für eine andere Unternehmensführung liefern, wenngleich ich mir der Tatsache bewusst bin, dass ich selbst viele Fehler mache und von meinem Idealbild oft meilenweit entfernt bin.

Ich möchte Sie davon überzeugen, dass es sich lohnt, in der Unternehmensführung andere Wege zu gehen, zu experimentieren und etwas Neues zu wagen. Dies erfordert Mut und vor allem Vertrauen in die Mitarbeiter. Langfristig zahlt sich das jedoch aus.

Ich werde mit meinen Mitarbeitern und meinen Kollegen auch in Zukunft an einer Wohlfühlkultur im Unternehmen arbeiten.

Peter Röckl,
Neumarkt im Januar 2009

II DEN FLASCHENGEIST ENTKORKEN

Eine Studie von Ernst & Young hat jüngst ergeben, dass die heutigen Studenten sich ihre künftigen Arbeitgeber nach anderen Kriterien aussuchen werden wie noch ihre Vorgänger. Den Studenten ist ein gutes Arbeitsklima, mithin die Unternehmenskultur, besonders wichtig; daneben fordern sie Freiräume bei ihrer Arbeit und die Vereinbarkeit des Berufs mit der Familie. Allein mit der Höhe des Gehalts lassen sich die Mitarbeiter von morgen nicht mehr gewinnen.

Dies verlangt vielen Unternehmen und ihren Managern eine noch stärkere Fokussierung auf ihre Mitarbeiter und die Unternehmenskultur ab. Management für eine neue Zeit bedeutet in diesem Kontext, dass die Arbeitgeber der Zukunft diese Vorstellungen der Menschen mit den Unternehmenszielen in Einklang bringen – Mitarbeiterführung wird zu einem entscheidenden Wettbewerbsfaktor.

Nur wer nachhaltig ein motivierendes Arbeitsklima und eine positive Unternehmenskultur schafft, wird innovativ und damit überlebensfähig bleiben und seine Kunden begeistern. Eine offene Unternehmenskultur mit Freiräumen für die Beschäftigten ist und bleibt der beste Nährboden für Kreativität, die eben die Voraussetzung für das Finden von neuen Produkten und Dienstleistungen ist.

Diesen Zusammenhang soll das nachstehende Schaubild verdeutlichen:

Die Mitarbeiter der Zukunft wollen keine autoritär geführten Unternehmen mit Weisung und Gehorsam, sondern kraftvolle und pulsierende Wohlfühlcenter für sich und ihre Kunden. Dies zu realisieren, wird zur Kernaufgabe jedes Managers in der Zukunft.

Gestatten Sie mir noch eine Vorbemerkung: Das Buch soll für Sie eine Anleitung zu einer Änderung der Unternehmenskultur im Sinne eines ganzheitlichen Ansatzes sein. Verstehen Sie die Inhalte der einzelnen Kapitel insoweit bitte als Anregung und exemplarische Aufzählung. Ich bin mir sicher, dass Ihnen noch viel mehr Komponenten einer anderen Unternehmensführung einfallen werden. Ich möchte insoweit inspirierend wirken und Sie ermutigen auch unkonventionelle Wege zu gehen.

III DAS PRINZIP DES „ANDERS-SEINS“

Mitte der siebziger Jahre waren eigentlich alle Berge dieser Welt bestiegen. Längst auch der höchste von allen. Der Neuseeländer Sir Edmund Hillary hatte ihn mit seinem Sherpa Tensing Norgay bereits am 29. Mai 1953 erobert und ging mit der Erstbesteigung des 8848 m hohen Mount Everest in die Geschichte ein. Wie also – um alles in der Welt – konnte man danach als Bergsteiger bereits zu Lebzeiten zur Legende werden?

Dem Südtiroler Reinhold Messner gelang dies. Als er im Jahre 1978 mit Peter Haberler den Mount Everest bestieg, tat er dies gegen jeglichen ärztlichen Rat und ohne Sauerstoffmaske. Noch kein Bergsteiger vor ihm hatte sich auf dieses Wagnis eingelassen. Aber Messner wollte andere Wege suchen und gehen, etwas Neues ausprobieren – und so unterschied er sich von allen seinen Vorgängern auf dem Dach der Welt. Am 20. August 1980 war es wiederum Reinhold Messner, der den Mount Everest, den „Chomolungma“, die „Muttergöttin der Erde“, wie ihn die Einheimischen nennen, im Alleingang und ohne Sauerstoffgerät über die Nordroute bezwang. Längst hat Reinhold Messner als einziger Mensch alle 14 Achttausender bezwungen. „Er ist damit ohne Sauerstoffgerät Gott am nächsten gekommen“, wie der Philosoph Peter Sloterdijk einmal in einer Diskussionsrunde süffisant feststellte.

Reinhold Messner ist ein eigenwilliger und extremer Grenzgänger, der mit seinem Reden und Handeln polarisiert. Hätte er den höchsten Berg der Welt – wie viele andere vor ihm und auch nach ihm – im Rahmen einer der „üblichen“ Expeditionen bestiegen, er wäre zu Lebzeiten nicht zur Legende geworden. Er wäre immer nur im Schatten des berühmten Edmund Hillary einer von vielen gewesen – durchaus mit einer respektablen alpinen Leistung, aber nicht herausragend im Heer der außergewöhnlichen Bergsteiger. Indem er seinen berühmten Vorgänger nicht einfach kopierte, sondern seinen eigenen, ganz unverwechselbaren Weg suchte und ging, einfach andersartig war, konnte er sich markant von allen anderen abheben.[2]

---

2 www.reinhold-messner.de

„Es liegt an mir, neue Grenzgänge zu erfinden. Innovativ ist nur, wer dorthin geht, wo die anderen nicht sind" – Reinhold Messner.

Warum erzähle ich Ihnen vom Extrembergsteiger Reinhold Messner? Einfach deshalb, weil sein Verhaltensmuster es wert ist, auch auf die Unternehmensführung übertragen zu werden. In einer Zeit, in der die Dienstleistungen und Produkte nahezu unverwechselbar nebeneinander stehen, austauschbar, wie Kopien und sich oft nur über die Marke oder eine geschicktere Werbung voneinander abgrenzen lassen, kommt es mehr denn je darauf an, dass man beim Kunden Aufmerksamkeit erregt. Dass man sich vom Wettbewerb erkennbar abhebt. Beispielsweise durch konsequentes „Anders-Sein". Eine spannende und für das gesamte Unternehmen belebende Strategievariante.

Ich wollte und konnte eigentlich nie verstehen, wie ganze Managergenerationen auf Trendwellen – meist von amerikanischen Consultants angestoßen – sprichwörtlich abfuhren. Ihre Unternehmen mit immer neuen Versuchen aus den Laboratorien der Unternehmensberater überzogen und die Mitarbeiter nervten: Kaizen, Reengineering, Lean Management usw. Massenweise Vorstände, die ich gerne als Berater-Junkies bezeichne. Ein einziges Kartell aus Kopierern und Nachahmern. Von Einzigartigkeit keine Spur. Willkommen im Einheitsbrei der Managementtrends!

Ich habe mich oft gefragt, warum sich Vorstände und Geschäftsführer bei der kleinsten Herausforderung so gerne hinter Beratern verschanzen und nicht selten Unsummen an Honoraren für Erkenntnisse zum Fenster rauswerfen, die von der eigenen Belegschaft wesentlich billiger zu gewinnen wären – der Chef müsste halt einfach nur zuhören! Im Übrigen gilt: Die besten Unternehmensberater sind die eigenen Kunden. Welche groteske Stilblüten die Beraterhörigkeit in unseren Unternehmen treiben kann, führte mir ein bekannter Vorsitzender einer Geschäftsführung vor Augen: Erst versteckte er sich hinter namhaften Consultants bei einer Strategiefindung, übernahm deren Empfehlungen gegen den Rat der eigenen Mitarbeiter kritiklos eins zu eins und als sich kein Erfolg einstellen wollte (schlimmer noch: Verluste aufsummierten) schob er den Beratern den schwarzen Peter postwendend zu, was in der Aussage gipfelte, er werde die Unternehmensberatung für diese Fehlleistung nun haftbar machen. Es sei mir die Frage gestattet, wofür dieser

Geschäftsführer eigentlich seine mehr als auskömmliche Bezahlung erhalten hat.

Deshalb: Werfen Sie die Unternehmensberater noch heute aus Ihrem Unternehmen! Sie haben bereits eine ganze Menge guter Berater: Ihre Mitarbeiter und Ihre Kunden.

Meinen Sie nicht auch, dass Ihr Unternehmen etwas Einzigartiges ist und damit auch etwas Besseres verdient hätte? Fahnden Sie einfach – gemeinsam mit Ihren Mitarbeitern – nach Ihrem Alleinstellungsmerkmal; ich bin davon überzeugt, dass Sie es finden werden. So wie der Kutscher in Rafik Schamis Roman „Erzähler der Nacht".

Der alte und kleine, schmächtige Kutscher Salim fuhr in den dreißiger Jahren wie viele andere Kutscher auch die Strecke zwischen Damaskus und Beirut. Die Kutschen waren zu jener Zeit kaum voneinander zu unterscheiden: Sie waren aus Eisen, Holz und Leder gebaut und boten Platz für viele Fahrgäste. Der Kampf um die Fahrgäste war unbarmherzig. Und dennoch wollten alle in die Kutsche von Salim einsteigen. Was war sein Erfolgsrezept? Er erzählte seinen Fahrgästen wunderschöne Geschichten; stundenlang konnte er seine Fahrgäste mit immer neuen und frischen Geschichten wahrhaft verzaubern. Salim war anders als die anderen Kutscher und seine Kunden wussten das zu schätzen.[3]

Was Rafik Schami in seinem wunderbaren Roman erzählt, ist übrigens ein sehr intelligentes Verfahren, um anders zu sein. Sein Kutscher Salim mixte einfach zwei Dinge miteinander, die auf den ersten Blick so gar nicht zueinander passen: Fahrgäste befördern und Märchen erzählen. Ich nenne das „Curry-Effekt" und werde hierauf in einem späteren Kapitel noch einmal zurückkommen.

„Wer immer in die Spuren anderer tritt, kann diese nie überholen" – Jean Renoir, französischer Filmregisseur

3 Schami R., Erzähler der Nacht, dtv-verlag, 1989

Wollen wir nicht alle Spuren hinterlassen? Dann ist es an der Zeit eigene, noch nicht ausgetretene Wege zu gehen. Wenn Sie jetzt noch zweifeln, möchte ich Ihnen aus dem Sport ein Beispiel benennen, wie man andersartig erfolgreich wird.

Wenn man 1968 Hochspringer war, sprang man mit dem so genannten Straddle-Stil („Bauchwälzer") oder dem Scherensprung über die Latte. Richard Douglas „Dick" Fosbury hatte darauf verzichtet, diesen konventionellen Stil zu perfektionieren oder zu kopieren. Stattdessen schraubte sich der damals 21jährige Amerikaner mit dem Rücken zur Latte 1968 in Mexiko-Stadt mit 2,24 Meter zum Olympia-Sieg und löste die wohl größte technische Revolution in der Leichtathletik-Geschichte aus: Schneller Anlauf in einem Bogen, Rumpfdrehung bei den letzten Schritten und Lattenüberquerung rückwärts. Die Kampfrichter schienen ihren Augen nicht zu trauen.

> „Wenn Kinder versuchen, Fosbury zu imitieren, wird er eine ganze Generation von Hochspringern auslöschen, weil sie sich alle das Genick brechen werden" – Payton Jordan, Coach des amerikanischen Olympiateams 1968

Auch Ärzte warnten. Welch ein Irrtum! Nach rund 10 Jahren hatte sich die neue Technik weltweit durchgesetzt. Heute ist der Fosbury-Flop bei den Hochspringern Standard. Dick Fosbury hatte eine neue, noch erfolgreichere Technik erfunden. Er war nicht in die Fußstapfen seiner Vorgänger getreten.

Joseph Beuys (1921 – 1985), der wohl bedeutendste deutsche Nachkriegskünstler, modellierte aus dem Prinzip der Andersartigkeit seinen ganzen Lebensentwurf. Der politisch agierende Künstler mit dem charakteristischen Hut, seinem unverwechselbaren Markenzeichen, polarisierte die Öffentlichkeit vor allem mit seinen provokanten Aktionen und Installationen, bei denen er Materialien wie Kupfer, Fett, Knochen, Wachs, Filz und Haaren zu einer eigenen Ästhetik verhalf. Die Malerei erweiterte er, indem er Substanzen wie Blut, Brühe, Fette oder auch Säfte verwendete. Beuys prägte durch seine Andersartigkeit eine neue Kunstrichtung („Fluxus") und inspirierte viele bedeutende Künstler, wie den in 2007 verstorbenen

Maler Jörg Immendorff. Gerade die Kunst lebt davon, dass es Menschen gibt, die anders sind und handeln und sich immer wieder neu erfinden. Gäbe es das Prinzip des Andersseins nicht, wie monoton und arm wäre doch unsere Welt.

III.1 Wie wird ein Unternehmen nun andersartig?

Pauschal gesagt: Indem das Management und die Mitarbeiter anders denken – quer denken – und konsequent anders handeln. Entgegen dem Mainstream und nachhaltig am Markt Zeichen setzen. Hierfür gibt es meines Erachtens drei Hauptansätze, die ich das **magische Dreieck** nenne:

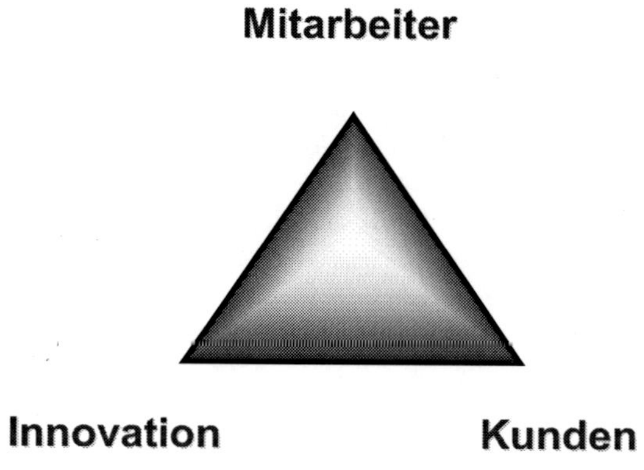

Dies bedeutet, dass die „Verzauberung" eines gewöhnlichen und verwechselbaren Unternehmens zu einem andersartigen Wettbewerber über die Hebel Mitarbeiter, Kunden und Innovation oder am besten über alle drei gleichzeitig erfolgen kann. Wem es beispielsweise gelingt, über eine andere Unternehmenskultur bei den Beschäftigten ein Feuer zu entfachen, der wird unweigerlich deutlich anders als seine Konkurrenten am Markt agieren. Und wer Dienstleistung im Sinne von Dienen versteht, sich die Kunden zu wertvollen Partnern macht und sie gewissermaßen emotional berührt, der wird sich von den Wettbewerbern sichtbar abheben. Es geht nicht um dröge Kundenorientierung, es geht um Kundenbegeisterung! Und wer schließlich der Innovation Vorfahrt einräumt, der sichert das Überleben von morgen.

Wer mit offenen Augen wachsam Unternehmen und ihre Konzepte betrachtet, der wird sie rasch entdecken, die „andersartigen" und somit unverwechselbaren „Messners" oder „Fosburys" der jeweiligen Branche. Denn sie heben sich meist wohltuend von ihren Wettbewerbern ab. Sichtbar und erlebbar für ihre Kunden. Eben einzigartig. Ich möchte Ihnen in der Folge zur Einstimmung nun einige Beispiele benennen.

III.2 Der Mensch als Kraftwerk

Haben Sie sich auch schon einmal gefragt, wie viel Energie die Partygänger an einem Wochenende in den Discos lassen? Und wie man diese Energie nutzen könnte? Der im September 2008 eröffnete Rotterdamer „Club Watt" hat diese Fragen gelöst und die erste Öko-Disco der Welt eröffnet, indem er die Bewegungen der Tänzer auf der elektromechanischen Tanzfläche in Strom umwandelt. Die durch Schwingungen erzeugte Bewegungsenergie wird dabei nach dem Dynamo-Prinzip in Elektrizität umgewandelt und in Akkus gespeichert. Lampen sowie die Leuchtdioden in der Tanzfläche zeigen an, wie stark die Stromerzeugung gerade ist. Je wilder getanzt wird, desto besser wird die Stromausbeute, die fast ein Drittel des Stroms ausmacht, den die DJ-Bühne verbraucht. Der Werbeslogan des Watt-Club „We want your energy" passt wie die Faust aufs Auge. Das nachhaltige Öko-Konzept der Disco wird abgerundet durch die Verwendung von Regenwasser für die Toilettenspülung, die konsequente Vermeidung von Abfall an den „Zero-Waste-Bars" sowie die Verwendung von ökologischen Baumaterialien.

Die Holländer haben den Dancefloor neu erfunden: Strom wird auf einmal emotional. Und die Partygänger können cool abfeiern und nebenbei noch einen Beitrag für die Umwelt leisten. Das ganze lohnt sich auch für den Betreiber, dessen Energieverbrauch um 30 Prozent unter dem eines vergleichbaren Clubs liegen soll. So verwundert es kaum, dass mittlerweile schon Anfragen für das Disco-Öko-Konzept aus London, Tokio und Sydney vorliegen. Welch geniale Idee, die freilich schon in einer anderen Branche genutzt wurde: in Fitness-Clubs.

Der Italiener Lucien Gambarota, einer der Pioniere der Nutzung „menschlicher Energie", richtete in Hongkong den California-Fitness-Club ein, der ebenfalls die Bewegungsenergie seiner Kunden für die Stromerzeugung nutzt. Mit einem erstaunlichen Ergebnis: Die Sportler produzieren so viel Energie, dass damit Beleuchtung, Musik und die Elektronik der Trainingsgeräte betrieben werden können.

III.3 Der lebendige Dessousladen

Wenn man als Mann in ein Dessousgeschäft geht, um seine Partnerin mit edler Wäsche zu überraschen, wer kennt dann dieses Problem nicht: Die Wäschestücke hängen entweder an einem Bügel oder liegen in einer Schublade. Da braucht es viel Phantasie, um sich die Wirkung eines Bodys oder einer Korsage vorzustellen.

Ein Nürnberger Dessousladen hat aus diesem Problem im Weihnachtsgeschäft eine pfiffige Geschäftsidee entwickelt. Die Kunden können sich dort das für die Partnerin ausgewählte Wäschestück von einem Aushilfsmodel vorführen lassen. Diese ungewöhnliche und lebendige Form der Kaufberatung verfehlt ihren Zweck nicht: Es werden viel mehr männliche Kunden angezogen; 90 % der Käufer nutzen den Vorführservice. Das Motto „Dessous hautnah" hebt den Laden deutlich vom „Einheitsbrei" der Branche ab. Der Lohn: Medieninteresse, größere Kundenaufmerksamkeit, mehr Umsätze.

III.4 Die Erlebnis-Buchhandlung

Eine ganze Nacht lang in einer Buchhandlung in seinen Lieblingsbüchern schmökern, sich gegenseitig vorlesen und Geschichten vorspielen lassen: eine Göttinger Buchhandlung hat dies realisiert. Das Echo von Medien, Kunden und der Öffentlichkeit war enorm. Unter dem Motto "Mitsommernacht in der Villa Kunterbunt", strömten die Kunden scharenweise in die Buchhandlung. Neben gelesenen Geschichten von Astrid Lindgren wurden schwedische Häppchen und Getränke zur Stärkung der Teilnehmer angeboten. Als besonderen Service konnten die Besucher auch gleich in der

Buchhandlung übernachten und für diejenigen, die es bis in die frühen Morgenstunden durchhielten, gab es ein Frühstück.

Das Event war kostenpflichtig: Die Eintrittspreise wurden gestaffelt und umfassten vier Zeitabschnitte, die einzeln und auch mit Schlafplatz gebucht werden konnten. Die Initiatoren dieser Aktion waren mit dem Ergebnis äußerst zufrieden und der Kundenzuspruch war so enorm, dass man bei der Buchhandlung fortlaufend dieselbe Frage von den Kunden hört: Wann veranstaltet Ihr die nächste Büchernacht?[4]

Auch dieses Beispiels führt uns eindrucksvoll vor Augen, dass man sich in jeder Branche mit Esprit und Umsetzungskraft von der Konkurrenz abheben kann. Angenehmer Nebeneffekt des Buchladen-Events war die nahezu kostenlose Werbung in den Medien.

III.5 Die Laufschuhe aus dem Kuhstall

Die Hamburger Sportschuhhändler Lars und Ulf Lunge hatten 2007 die Nase von minderwertiger asiatischer Schuhqualität voll und beschlossen entgegen dem Trend, eine eigene Laufschuhkollektion in Deutschland mit deutschen Mitarbeitern zu produzieren. In Düssin, im Südwesten von Mecklenburg-Vorpommern, funktionierten sie einen alten denkmalgeschützten Kuhstall zu einer Schuhfabrik um: Mit Leder und Nylon aus Deutschland und höherer Qualität bei besserer Hautverträglichkeit und weniger Abrieb. Die Vision der Unternehmer: Unsere Schuhe werden 2000 bis 3000 Kilometer und nicht nur 1000 Kilometer halten! Qualität gegen die Produktionsverlagerung von Nike, Puma und Co: Das Konzept scheint aufzugehen, die Kunden bezahlen gerne etwa ein Drittel mehr für die Laufschuhe „C-Dur“ für Männer und „a-Moll“ für Frauen „made in Germany.“ Die Kunden sollen das Gefühl haben, etwas Besonderes in ihren Händen zu halten.

---

4 www.beratungsletter.com

Lassen Sie mich noch einmal auf das **magische Dreieck** zurückkommen – es ist gewissermaßen der Fahrplan für dieses Buch:

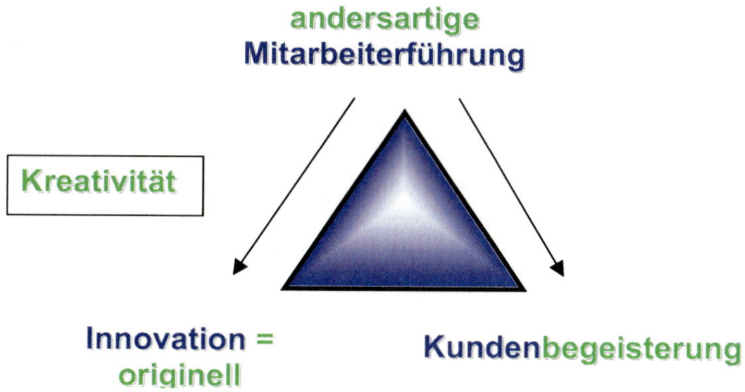

Ich möchte das Anderssein anhand der Mitarbeiterführung erläutern; bei den späteren Kapiteln der Kundenbegeisterung und der Innovation wird uns dieses Prinzip dann wieder begegnen.

IV DIE ANDERSARTIGE MITARBEITERFÜHRUNG

Im magischen Dreieck stehen die Mitarbeiter ganz bewusst an der Spitze, weil sie der Schlüssel für den ganzheitlichen Veränderungsprozess im Unternehmen sind. Die Mitarbeiter prägen das Unternehmen: Sie können eine Welle der Kundenbegeisterung auslösen oder sie können regelrechte „Kundenvergrauler" sein. Die Mitarbeiter sind entweder die eigentlichen Innovationsmotoren oder – was in vielen Unternehmen leider die Regel ist – Arbeitsplatz(be)sitzer, deren wahres Potential von den Führungskräften nicht abgerufen wird. Wer verändern will, wer ein anderes Unternehmen will – innovativ und Kunden begeisternd – der muss bei seinen Mitarbeitern mit der Änderung der Unternehmenskultur beginnen.

> „Lösen Sie in Ihrem Unternehmen eine wahre Revolution aus und schaffen Sie eine neue Unternehmenskultur – Werden Sie der Che Guevara Ihres Unternehmens"

Das wertvollste und das wichtigste Potential, das ein Unternehmen hat, sind seine Mitarbeiterinnen und Mitarbeiter. Eigentlich eine Binsenweisheit, die in vielen Unternehmen nur nicht gebührend wahrgenommen wird. Die Mitarbeiter erleben im Tagesgeschäft hautnah die Wünsche und Bedürfnisse der Kunden, sie kennen am besten die Optimierungsmöglichkeiten an ihrem Arbeitsplatz. In ihren Köpfen schlummert oftmals ein wertvoller Schatz an Wissen und Ideen. Und viel zu oft bleibt dieser Schatz leider unentdeckt.

Gute Manager sind immer auch neugierige Schatzsucher. Es gehört zu den vornehmsten und wesentlichsten Aufgaben eines Managers, das Unternehmen in eine sichere Zukunft zu führen. Ständig darüber nachzudenken, womit das Unternehmen auch morgen sein Geld verdienen wird. Neue Produkte und Dienstleistungen zu entwickeln.

Diese Verantwortung kann und darf nicht an externe Unternehmensberater abgegeben werden. Wofür sonst werden die Führungskräfte eines Unternehmens denn besser bezahlt als ihre Mitarbeiter? Doch nicht dafür, dass sie bei zentralen Fragen der

Unternehmensführung ganze Beraterstäbe einkaufen, um sich ihre Entscheidungen abnehmen oder legitimieren zu lassen. Die besten Berater eines Unternehmens sind und bleiben immer noch seine Mitarbeiter. Ihr Wissen gilt es „anzuzapfen", ihre Ideen aufzugreifen, ernst zu nehmen und weiter zu entwickeln.

Wie armselig agieren insoweit Manager, die sich schon bei kleinsten Problemen hinter einem Ring von Beratern wahrlich verschanzen und so für jeden im Unternehmen sichtbar demonstrieren, dass sie an die Leistungsfähigkeit der eigenen Mitarbeiter nicht glauben. Wie entmündigt müssen sich diese Mitarbeiter fühlen, wenn ihnen der Chef nichts mehr zutraut. Mangelndes Zutrauen, fehlendes Vertrauen – diese Mitarbeiter werden ihren Schatz noch tiefer vergraben oder noch weniger bereits sein, ihn preiszugeben.

„Dringen Sie wie ein Archäologe in die Ideen(Grab)kammern ihrer Mitarbeiter vor und heben Sie deren Schätze"

Das Zauberwort, um die Mitarbeiter im Unternehmen zu einer wahren Revolution zu bewegen, heißt **Motivation.**

„Motivation ist und bleibt die stärkste Kraft für uns Menschen. Sie ist der Atem des Lebens!" – Erich J. Lejeune

In der Managementliteratur sind unzählige Bücher zur Personalführung und insbesondere zum Thema „Motivation des Personals" geschrieben worden. Scheinbar ist alles gesagt und trotzdem hat sich in der Unternehmensrealität herzlich wenig verändert. Allein wenn man in die Suchmaschine Google das Stichwort „Motivation" eintippt, erhält man die unglaubliche Trefferzahl von nahezu 149 Millionen Einträgen. Es ist wie die vergebliche Suche der Alchemisten nach dem Gold – gefunden haben viele Manager „nur" Porzellan. Ich möchte mich mit diesem Buch gemeinsam mit Ihnen auf eine Entdeckungsreise begeben – beseelt von dem Gedanken, dass das Personal eines Unternehmens weit mehr ist als ein bloßer Erfüllungsgehilfe zur Verwirklichung des Unternehmenszwecks. Jeder Manager kann zum Magier werden und jene verborgenen Kräfte freisetzen, die in unseren Mitarbeitern stecken. Werden Sie also zum

Entfesselungskünstler dieser Kräfte und staunen Sie über das Potenzial, das Sie freigelegt haben. Entkorken Sie den Flaschengeist!

Dazu ist es erforderlich, dass Sie ihr Unternehmen in eine „Fun-Factory" verwandeln und ihren Mitarbeitern den Spaß an der Arbeit zurückgeben. Ich bin mir bewusst, dass bei dieser Forderung ein Aufschrei durch die Managementlehre gehen wird. Schließlich soll es bei Unternehmensführung um die Realisierung von Zielen und um die Steckung von Aufgaben für das Personal gehen. Schließlich wachsen die Mitarbeiter an ihren Aufgaben und wollen gefordert – nicht überfordert, aber auch nicht unterfordert - werden. Stimmt alles. Kann ich durchaus so unterschreiben. Aber was soll daran so schlimm sein, wenn die Mitarbeiter auch noch Spaß bei ihrer Arbeit haben? Gute Manager sind auch die Spaßmacher in ihren Unternehmen. Und insoweit habe ich eine Vision: Die Mitarbeiter sollen ihre Unternehmen nicht nur als Zweck zum Geldverdienen begreifen, sie sollen in ihrer Firma eine zweite Heimat finden.

Werden Sie zum Entfesselungskünstler der Kräfte ihrer Mitarbeiter und verwandeln Sie Ihr Unternehmen in eine Fun-Factory!

Wie wird ein Unternehmen nun zur Fun-Factory? Die Antwort auf diese Frage ist meines Erachtens relativ einfach: Verpflanzen Sie die folgenden Bausteine dauerhaft in Ihr Unternehmen!

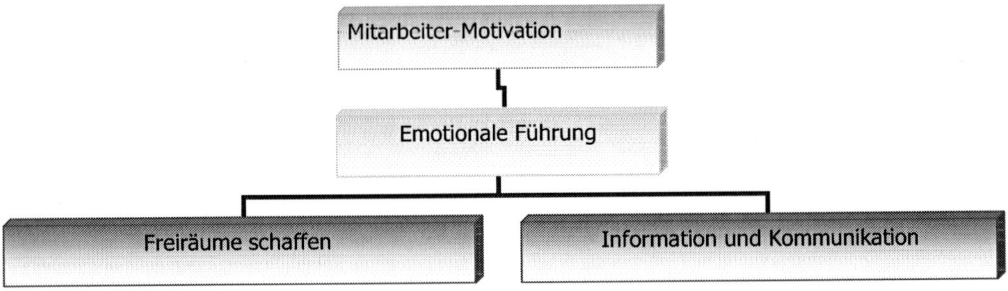

Das klingt einfach und Sie werden jetzt möglicherweise sagen, dass Sie dies selbstverständlich schon seit vielen Jahren tun. Wenn Sie mit sich als Führungskraft zufrieden sind, sollten Sie jetzt nicht mehr weiter lesen. Vielleicht gelingt es mir dennoch Ihnen mit diesem Buch den einen oder anderen Impuls zu geben. Es würde mich freuen, weil letztendlich dieser Denkanstoß Ihren Mitarbeitern zugute käme und vielleicht der Startschuss für die Veränderung der Kultur in Ihrem Unternehmen sein könnte. Lassen Sie uns nun der Reihe nach über jeden einzelnen Baustein sprechen.

V EMOTIONALE FÜHRUNG

Bevor wir in das Thema einsteigen, sollten wir mit einer kleinen, aber ungewöhnlichen Aufwärmübung beginnen. Steve Jobs, der legendäre Gründer von Apple, hat anlässlich eines Vortrags vor Studenten der Stanford-Universität Folgendes gesagt: „Der Tod ist unser aller Schicksal. Und das ist gut so, denn der Tod ist wahrscheinlich eine der besten Erfindungen des Lebens. Er sorgt für die Veränderung des Lebens. Ihre Zeit ist begrenzt! Vergeuden Sie Ihre Zeit nicht damit, dass Sie das Leben eines anderen leben. ...Haben Sie den Mut, Ihrem Herzen und Ihrer Intuition zu folgen." Vor einiger Zeit fiel mir hierzu eine außergewöhnliche Todesanzeige auf, die Mitarbeiter ihrem verstorbenen Chef gewidmet hatten: „Gestern verstarb unser Chef – er war ein außergewöhnlicher Mensch, ein Genie, voller Wärme. Wir verlieren nicht nur den besten Berater, wir verlieren einen Freund!"

Wie könnte die Todesanzeige lauten, die Ihnen Ihre Mitarbeiter widmen würden?

....

....

....

....

....

Und welchen Nachruf würden Sie sich einmal wünschen?

....

....

....

....

....

....

Klaffen „Wunsch" und mögliche Realität weit auseinander? Dann sollten Sie sich jetzt intensiv mit emotionaler Führung beschäftigen. Und vergessen Sie die Worte von Steve Jobs nicht!

Emotionale Führung ist meines Erachtens das wesentliche und entscheidende Grundelement, um Mitarbeiter zu motivieren und in Ihnen positive Gefühle zu wecken. Die wichtigste Aufgabe einer Führungskraft liegt im Bereich der Emotionen.[5] Wer emotional führen kann, der besitzt den Motivations-Zauberstab.

„Man darf sich als Unternehmer nicht von Gefühlen leiten lassen" – Randolf Rodenstock

Ich halte diese Aussage im Hinblick auf Führung für grundsätzlich falsch. Gefühle sind das Salz in der Suppe der Motivation. Eine Führungskraft, die Gefühle zeigt, wirkt authentisch und glaubwürdig und kann die Mitarbeiter somit eher für die Unternehmensziele gewinnen. Sie ist in der Lage die Mitarbeiter zu inspirieren und Leidenschaft und Begeisterung in ihnen zu wecken.

Warum ist das so? Das Modell der emotionalen Führung ist vermutlich die einzige Managementtheorie, die sich auf Erkenntnisse aus der Neurologie stützt.[6] Im menschlichen Gehirn liegt unser emotionales Zentrum im so genannten limbischen System. Die Besonderheit dieser Zwischenhirnregion besteht darin, dass es sich um eine offene Schleife handelt, d.h. seine Regulierung hängt weitestgehend von externen Faktoren ab. Oder anders ausgedrückt ist unsere eigene emotionale Stabilität von der Verbindung mit anderen Menschen abhängig.

Ich nenne dies das **Prinzip der unsichtbaren Fäden.** Stellen Sie sich einfach vor, dass Sie als Führungskraft mit allen Mitarbeitern in Ihrer Abteilung oder in Ihrem Unternehmen ebenso wie die Mitarbeiter untereinander mit unsichtbaren straffen Fäden verknüpft sind. Ändert nun eine Person ihre Position, so zieht das unweigerlich Veränderungen bei den anderen nach sich. Ich will damit sagen, dass sich unsere Emotionen automatisch an die Person angleichen,

5 Goleman D., Emotionale Führung, Econ, 2002

6 Goleman D., a.a.O.

mit der wir gerade beisammen sind. Ein altes bayerisches Sprichwort drückt die offene Schleife des limbischen Systems treffend aus: „Wie man in den Wald hineinruft, so hallt es zurück!"

Wenn Sie also gute Laune im Unternehmen wollen, dann müssen Sie selbst gute Laune verbreiten. Wenn Sie wollen, dass Ihre Mitarbeiter im Verkauf lächeln, dann müssen Sie als Führungskraft selbst lächeln. Und wenn Sie begeisterte Mitarbeiter möchten, dann sollten Sie selbst zuerst begeistert sein! Wissenschaftliche Untersuchungen belegen, dass die Mitglieder eines Teams ihre Stimmung über einen längeren Zeitraum synchronisieren.

Von allen emotionalen Signalen breiten sich Lächeln, Fröhlichkeit und Herzlichkeit am leichtesten aus, wie eine Untersuchung an der Yale University of Management zeigt. Reizbarkeit ist hingegen weniger ansteckend.[7] Lachen ist aus neurologischer Sicht die kürzeste Entfernung zwischen zwei Menschen, weil ihre limbischen Systeme sofort ineinander greifen. Lächeln ist das ansteckendste emotionale Signal – eine unwiderstehliche Macht, die andere ebenfalls zum Lächeln bringt. Wer also im Unternehmen Vertrauen, Wohlbefinden und eine positive Grundstimmung aufbauen möchte, der sollte mit gutem Beispiel freundlich lächelnd vorangehen.

Deshalb: Verwandeln Sie Ihr Unternehmen in ein „Land des Lächelns"! Besonders Ihre Kunden werden es Ihnen danken!

Sagen Sie den ‚Miesepetern' in Ihrer Belegschaft den Kampf an. Einfach am Eingang (z.B. neben der Zeiterfassung) einen Spiegel mit der Aufschrift „Lächeln gewinnt" aufstellen! Oder schreiben Sie auf den Spiegel: „So sehen Sie unsere Kunden!" Wer will schon in sein eigenes „grantiges" Morgengesicht blicken?

Es lohnt sich: Gute Stimmung hat eine direkte Auswirkung auf das Geschäftsergebnis. Das Arbeitsklima kann beim Geschäftsergebnis

7 Goleman D., a.a.O.

einen Unterschied von 20 bis 30 Prozent ausmachen. Von Effekten bei der Kundenbindung ganz zu schweigen.

Gerade Lachen ist ein probates Mittel, um Verkrampfungen oder Blockaden in Teams zu lockern. Von Alt-Bundeskanzler Helmut Schmidt ist bekannt, dass er in Kabinettssitzungen immer gerne dann einen Witz erzählte, wenn die Diskussion festgefahren schien. Nachdem alle erst einmal gelacht hatten, konnte danach konstruktiv weiter gearbeitet werden. Dies wird durch Untersuchungen von Humor am Arbeitsplatz belegt: Ein Scherz zum richtigen Zeitpunkt stimuliert die Kreativität, fördert die Kommunikation und stärkt das Gefühl der Zusammengehörigkeit. Nebenbei bemerkt: Kinder lachen täglich 300 – 400mal, Erwachsene lediglich 15mal. Wir haben also erhebliches Steigerungspotential auszuschöpfen.

Spielen Sie in Sitzungen ruhig mal den Scherzkeks! Das entkrampft und entspannt die Stimmung.

V.1 Das Zauberwort „Zuerst“

Wer Veränderungen im Unternehmen will, der benötigt lediglich ein kleines Zauberwort: „Zuerst!“ Zuerst fange ich mit den Veränderungen bei mir selbst an! Wer will, dass sich der Kundenservice signifikant verbessert, geht als Chef selbst mit gutem Beispiel voran. Wer sein Unternehmen in ein Land des Lächelns verwandeln will, ist selbst kein Griesgram mehr, sondern freundlich. Und wer Pünktlichkeit als oberstes Gut favorisiert, der ist selbst immer und überall pünktlich. Zuerst bedeutet – ich gehe als Chef mit gutem Beispiel voran. Sie werden erstaunt sein, welche Durchschlagskraft Ihre persönliche Veränderung bei Ihren Mitarbeitern entfaltet. Sie sind eigentlich die Blaupause und Ihre Mitarbeiter werden Sie kopieren.

Warum ist das so? Die Menschen im Unternehmen blicken bei ihrer Suche nach emotionalen Hinweisen immer zuerst nach oben zum Chef und orientieren sich an ihm und seinem Verhalten. Dies gilt im Übrigen auch, wenn der Chef nicht täglich greifbar ist und hinter geschlossenen Türen arbeitet. Dann prägt er die Stimmung seiner engsten Mitarbeiter, diese wiederum geben seine Haltung an ihre Mitarbeiter weiter, so dass ein Dominoeffekt entsteht, der auf diese Weise die Stimmung im gesamten Unternehmen steuert. Der Chef ist quasi wie in der Tierwelt der Anführer, an dem sich alle unbewusst orientieren. Untersuchungen von Arbeitsgruppen zeigten beispielsweise, dass den Leitern von Gruppen aufmerksamer zugehört wird als den anderen Gruppenmitgliedern. Da die Ansichten des Anführers besonders Gewicht haben, steuert er die Haltung der Gruppe.[8] Jede Führungskraft sollte sich stets darüber im Klaren sein, dass ihre Haltung, Gesten und Worte bei den Mitarbeitern eine besondere Bedeutung haben.

„Drei Dinge kann man nicht zurückholen: Den abgeschossenen Pfeil, die verpasste Chance und das gesprochene Wort!“

In dieser Wirksamkeit des „Anführers“ liegt auch eine große Chance der Chefs: Sie können mit ihrer Haltung die Dinge im Unternehmen entscheidend beeinflussen. Entweder sie sind – wenn auch oftmals ungewollt – atmosphärische Brunnenvergifter, was sich dann ganz schnell auf die Ergebnisse auswirkt oder sie fungieren als emotionale Magneten, die einen wahren Virus der Begeisterung in die Belegschaft tragen. Je offener und je authentischer ein Anführer ist, d.h. umso besser er seine eigene Begeisterung ausdrücken kann, desto eher werden sich die Mitarbeiter von ihm mitreißen lassen. Je positiver ein Chef denkt und handelt, desto lieber arbeiten die Mitarbeiter mit ihm und auch für ihn. Dies hängt mit der schon beschriebenen limbischen Anziehungskraft zusammen, jener spürbaren Wirkung auf das emotionale Gehirn der Menschen in der Umgebung des Chefs. Insoweit ist auch verständlich, warum kaltherzige, dominante Chefs mit negativen Emotionen weniger bewegen können.

8 Goleman D., a.a.O.

Emotionale Führung bedeutet, positive Gefühle und Begeisterung zu zeigen, mit seinen Emotionen offen umzugehen. Führen Sie mit dem Herzen – dann erreichen Sie auch die Herzen Ihrer Mitarbeiter!

V.2 Highlander – es kann nur einen geben!

Ich möchte an dieser Stelle mit einer der ältesten Lebenslügen des Managements aufräumen. Wenn die Umsätze rückläufig sind, Verluste eingefahren werden, Investitionen fehlschlagen, wie oft hört man dann aus den Chefetagen Schuldzuweisungen an den Markt, an den ruinösen Wettbewerb, an die Billiglohnkonkurrenz, an die Unberechenbarkeit der Kunden und nicht selten an die „Unfähigkeit" der eigenen Mitarbeiter. Nur der Chef ist an alledem nicht schuld. Die Verantwortung für die Misere wird wie ein Wanderpokal an andere abgegeben.

Im Unternehmen ist es allerdings wie im Film „Highlander" mit Christopher Lambert: Es kann nur einen geben! Allein aufgrund der massiven Einfluss- und Steuerungsmöglichkeiten des Chefs wird klar, dass es für Sieg oder Niederlage nur einen Verantwortlichen gibt: den Chef selbst. Und diese Verantwortung kann nicht an Märkte, Kunden oder Mitarbeiter delegiert werden. Zahlreiche Praxisbeispiele bestätigen das. Wenn ein Unternehmen in die Krise schlittert, dann hat lange vorher das Management die strategischen Weichen falsch gestellt.

Nehmen wir einfach einmal das Beispiel der Krisen geschüttelten Baubranche Mitte der neunziger Jahre bis etwa 2005. Viele Bauunternehmen starben, gingen am ruinösen Wettbewerb zugrunde, den sie selbst mit befeuerten, indem zu nicht mehr kostendeckenden Preisen angeboten wurde, nur um den Auftrag zu erhalten. Und trotz dieser Rezession der Bauwirtschaft blühten und florierten einige Bauunternehmen, weil sie und ihr Management anders dachten und anders handelten.

Ich habe es selbst oft genug erlebt, dass einzelne Arbeitsgebiete oder Gesellschaften eine unbefriedigende Performance ablieferten, weil einfach der Chef nicht funktionierte. Die Liste der Ausreden seitens des erfolglosen Managements war zumeist lang, die Versprechen auf Besserung ähnlich. Fast immer führte die Umbesetzung des Managements mit emotional guten Führungskräften zu einer Trendwende. Meine Erfahrung ist: Ein schwaches Management liefert schwache Ergebnisse und umgekehrt. Daraus habe ich eines gelernt: Personalentscheidungen im Management sollten keine Sekunde hinausgezögert werden.

Gehen Sie keine faulen Kompromisse ein: Trennen Sie sich konsequent von schwachen Managern! Sie schaden den Mitarbeitern und dem Unternehmen. „Gnadenfristen" wirken nur Problem verschärfend.

V.3 Das Prinzip TOUCH

Ich bin der Auffassung, dass emotionale Intelligenz die wesentliche und unverzichtbare Fähigkeit einer Führungskraft sein sollte. Sie ist für Chefs weitaus wichtiger als beispielsweise technische Kompetenzen. Führungskräfte müssen in ihren Unternehmen ein Klima schaffen, das von gegenseitigem Vertrauen und von Kooperation geprägt ist. Ihre zentrale Aufgabe ist es, die Mitarbeiter für ein gemeinsames Ziel zu begeistern.

Um die Leidenschaft in den Mitarbeitern zu wecken, ist es notwendig, sie emotional zu berühren, besser noch sie zu ergreifen und sich in ihre Herzen zu schleichen. Das bewirkt mehr, als rationale Überzeugung mit ausschließlich sachlichen Argumenten. Dieses Touch-Prinzip gilt im Übrigen auch im Umgang mit den Kunden. Hierauf wird noch einmal an anderer Stelle in diesem Buch eingegangen werden.

Nun stellt sich die Frage, wie berührt man Menschen und schleicht sich in ihre Herzen? Kann man diese Fähigkeiten erlernen? Und was ist das Erfolgsgeheimnis von Führungskräften, die diese „Skills" beherrschen?

Schon einmal vorweg eine ermutigende Antwort: Ja, emotionale Führung ist erlernbar! Sie ist keine angeborene, natürliche Begabung, wie Untersuchungen zeigen, sondern kann von jeder Führungskraft zu jedem Zeitpunkt erlernt werden.

Das folgende Schaubild stellt die Grundlagen und Zusammenhänge emotionaler Führung dar:[9]

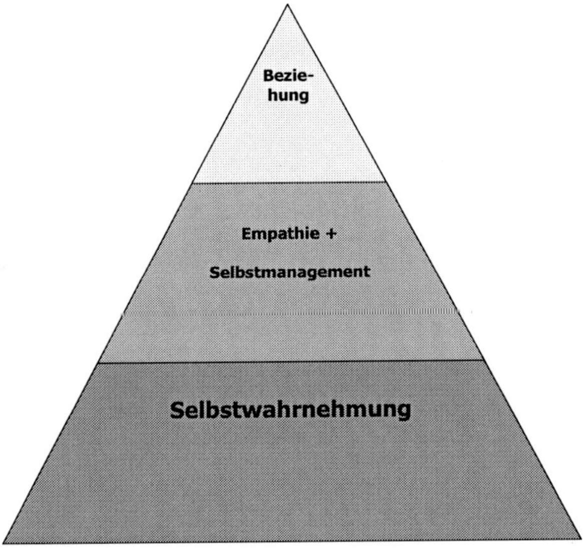

Das Schaubild verdeutlicht, dass die **Selbstwahrnehmung** die unverzichtbare Basis für **Selbstmanagement** und **Empathie** ist; diese wiederum sind Voraussetzung dafür, dass wir ein effektives **Beziehungsmanagement** im Sinne einer wirksamen emotionalen Führung pflegen können. Anders gesagt bedeutet das, dass ohne Selbstwahrnehmung emotionale Führung nicht möglich ist. Der Grund liegt auf der Hand: Wer seine eigenen Emotionen nicht wahrnimmt, wird auch nicht auf die Gefühle von anderen Men-

9 vereinfacht nach Goleman, a.a.O.

schen achten. Wir alle kennen ja den Spruch vom „Elefanten im Porzellanladen".

„Mich selbst! Ich möchte wissen, wer ich wirklich bin." – Franz Beckenbauer in einem Interview zu seinem 50. Geburtstag auf die Frage, wen er in seinem Leben noch gerne kennen lernen möchte

Wer nicht zum Spielball seiner eigenen Emotionen werden möchte, der sollte seine inneren Signale und Hinweise beachten und wahrnehmen und sie auch verstehen lernen, um dann angemessen reagieren zu können. Wie oft passiert es täglich in den Chefetagen, dass aufgrund mangelnder Selbstwahrnehmung Führungskräfte mit ihren (besonders negativen) Gefühlen nicht umgehen können und dann völlig grundlos für Außenstehende plötzlich „explodieren". Bedenken wir: Mitarbeiter sind keine Blitzableiter für eigene Probleme; sie sind wertvolle Menschen mit Gefühlen und Erwartungen, die es zu respektieren gilt.

„Wer führen will, muss sich erst selbst führen können" – Pater Anselm Grün

Wie rückständig und meines Erachtens menschenverachtend erscheint in diesem Zusammenhang das folgende Zitat eines prominenten Sanierers in Deutschland, dessen Personal-Rauswurfpolitik schon fast legendär ist.

„Wie entstehen Diamanten? Durch Druck, Druck, Druck! Und Brillanten? Durch schleifen, schleifen, schleifen!"

Mit Angst und Einschüchterung sind Mitarbeiter nicht zu motivieren, sondern eher in die innere Kündigung zu treiben. Erinnern Sie sich an den Filmtitel: Angst essen Seele auf. Wer wie dieser Sanierer agiert, mag zwar kurzfristige Sanierungsergebnisse einfahren, mit einer langfristigen Erfolgsstrategie hat dies jedoch nichts zu tun. Wenn Angst ein gewisses Maß übersteigt, dann untergräbt sie beim

Individuum die mentalen Fähigkeiten und löst Blockaden aus: Man ist nicht mehr frei im Kopf, wie die Psychologie längst nachgewiesen hat. Machen Sie die Probe mal aufs Exempel: Wenn Sie beim Fußball einen Elfmeter schießen und beim Anlauf Angst davor haben, zu versagen, dann ist die Wahrscheinlichkeit sehr hoch, dass Sie verschießen werden. Im Gegensatz dazu erklärt die Unbekümmertheit eines Lukas Podolski seinen Torerfolg: „Ich schnapp mir den Ball, leg ihn auf den Punkt und hau ihn rein!"

Vor einiger Zeit erzählte mir der Geschäftsführer eines großen Unternehmens, dass er sich in der Firma keine Gefühle leisten kann, um unangreifbar zu bleiben. „Morgens, wenn ich die Firma betrete", sagte er, „ziehe ich meine Ritterrüstung an, die ich den ganzen Tag nicht mehr ablege. Visier zu und durch". Dass er sich mehr und mehr allein, unausgeglichen und isoliert fühlte, war für mich kein Wunder. Selbstwahrnehmung dient auch dazu, Gefühle im Unternehmen zuzulassen, wodurch man für seine Mitarbeiter nicht nur authentischer und glaubwürdiger wirkt, sondern auch menschlicher.

V.4 Vom Umgang mit der Macht

„Wer auf dem Mount Everest angekommen ist, ist nicht automatisch größer"

Es ist gerade die Menschlichkeit, die es zu bewahren gilt und die allzu häufig in den Chefetagen auf der Strecke bleibt. Eine gravierende Rolle spielt hierbei der Machtzuwachs, den Chefs in ihrer neuen Position erhalten. Macht ist wichtig, zweifelsohne, damit man umsetzen und gestalten kann. Ideen ohne Machtpotential im Hintergrund bleiben Illusionen und verglühen wie Sternschnuppen. Jede Führungskraft sollte sich aber über einen verantwortungsvollen Umgang mit der Macht im Klaren sein. Viele scheitern an dieser Herausforderung kläglich. Ich habe in meiner beruflichen Laufbahn viele Führungskräfte kennen gelernt, die als Chefs zu – verzeihen Sie mir die deutliche Sprache – Arschlöchern mutiert sind. Die sich gerne wie Sonnenkönige fern jeglicher Lebensrealität mit den Insignien der Macht schmückten, ihre Mitarbeiter jedoch wie Fußabstreifer behandelten: Führungsneurotiker auf den Chefsesseln. Noch dazu intrigant bis in die Haarspitzen. Joschka Fischer hat in diesem Zusammenhang über Politiker einmal gesagt, dass ein hohes politisches Amt einen Politiker mehr verändert als der Politiker das Amt.

Der Begründer der Individualpsychologie, Alfred Adler (1870 – 1937), hat herausgefunden, dass sich gerade Macht hervorragend dazu eignet, um die eigenen Minderwertigkeitsgefühle zu kompensieren (bzw. sie zu überkompensieren). Je mehr sich ein Individuum unterlegen oder minderwertig fühlt, desto größer ist sein Bedürfnis nach Überlegenheit – der Schritt zum Machtmissbrauch ist dann nicht weit. Ich erinnere mich in diesem Zusammenhang an einen Holding-Geschäftsführer, der die unangenehme Gewohnheit hatte, seine ihm unterstellten Führungskräfte regelmäßig sonntags ab Mittag mit endlosen und vor allen Dingen höchst überflüssigen Telefaxen zu beschäftigen und zu schikanieren. Nebenbei bemerkt: Ich lehnte damals ein dienstliches Faxgerät genau aus diesem Grunde wegen dieser Führungskraft ab!

Macht kann also destruktiv wirken, wenn sie „ichbezogen" eingesetzt wird, wie der Psychologe Fritz Künkel (1889 – 1956) erkannt hat. „Ichbezogen" bedeutet, dass die Macht dazu benutzt wird, um sich zu erhöhen, über seine Mitmenschen zu stellen und diese klein zu machen. Der positive Gegenentwurf dazu ist die konstruktive, sachbezogene Machtausübung, bei der es darum geht, Entwicklungen voranzubringen, Ideen zu verwirklichen, gemeinsam zu verändern. Menschen spüren instinktiv, ob ein Chef seine Macht missbraucht oder konstruktiv anwendet, und reagieren entsprechend mit Ablehnung oder Vertrauen.

Ich durfte glücklicherweise auch mit Vorgesetzten arbeiten, die trotz großer Machtfülle nie die Menschen mit all ihren Bedürfnissen und Sorgen aus den Augen verloren haben. Für menschliche Vorgesetzte bin ich immer loyal durchs Feuer gegangen, die Machtmissbraucher habe ich für mich immer konsequent abgewählt!

Am Umgang mit der Macht zeigt sich sehr deutlich, über welchen Reifegrad an Selbstwahrnehmung jemand verfügt. Zweifelsohne lauert hinter der Maske der Macht ein gefährliches Suchtpotential, wie der Spiegel-Redakteur Jürgen Leinemann eindrucksvoll in seinem Buch „Höhenrausch" über die Suchtgefahr von Politikern beschrieben hat:[10] „Tatsächlich kann man es Machtsüchtigen ansehen,

---

10 Leinemann J., Höhenrausch, Blessing-Verlag , 2004

wenn sie in den Entzug geraten. Es ist, als würde ein Licht in ihnen ausgeschaltet. Resignation, Hilflosigkeit und eine verheerende Lebensunsicherheit rauben den einst Mächtigen ihre Ausstrahlung." Was Leinemann so anschaulich beschreibt, konnte ich in meinem Leben bereits mehrfach beobachten. Chefs, die als Vorstandsvorsitzende auf dem Höhepunkt ihrer Macht scheinbar souverän und selbstsicher mit dieser Prise Arroganz sich eloquent auf dem geschäftlichen Parkett bewegten, wirkten nach ihrem Absturz völlig verunsichert, lamentierend, gebrochen, fast elendig.

„Alles, was man liebt, muss man auch loslassen können" – chinesische Weisheit

Der Umgang mit Macht und erst recht die Verarbeitung von Machtverlust hängt meines Erachtens sehr eng damit zusammen, welche Lebensbalance, oder wie es neudeutsch heißt, „Work-Life-Balance" jemand gefunden hat. Wer sich ausschließlich über den Beruf definiert und dabei Familie, Freunde und seine Hobbys vernachlässigt, wird beim Machtverlust völlig aus der Bahn geworfen: Sein empfundener Selbstwert geht von heute auf morgen verloren. Wer aber stets achtsam mit sich umgegangen ist, bleibt auch in solchen Krisensituationen stabil und gefestigt, er kann wieder **loslassen.**

Um einen Affen zu fangen, muss man in einen Korb mit einer engen Öffnung beispielsweise eine Banane stecken. Die Affen wollen die Banane unbedingt haben, also stecken sie ihre Hand in das enge Loch und umklammern die Banane. Nun stecken die Affen in der Falle, weil die Korböffnung für die geschlossene Hand zum Zurückziehen zu schmal ist. Die Affen könnten aber jederzeit freikommen, wenn sie die Banane wieder losließen, was sie aber nicht tun. Sie bleiben gefangen (Gleichnis von den Affenfallen im Buddhismus).

V.5 Der Drachen des Todes

Und damit kehren wir zum entscheidenden Punkt zurück – der Selbstwahrnehmung. Machen wir eine kleine Aufwärmübung. Kreuzen Sie in dem folgenden Schaubild bitte für jeden Bereich (Beruf, Familie, Gesundheit, Hobbys) an, wie viel Energie und Zeit Sie hierfür investieren. Je weiter Sie das Kreuz entfernt vom Schnittpunkt der Achsen setzen, desto mehr Energie/Zeit investieren Sie. Anschließend verbinden Sie die Kreuze miteinander!

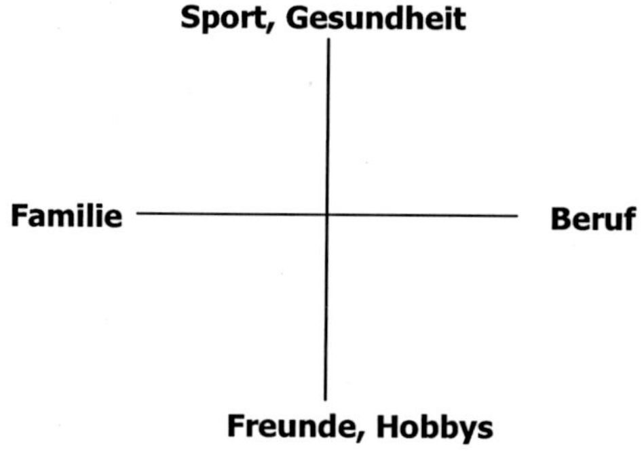

Und nun vergleichen Sie bitte: Wenn Ihre Zeichnung dem folgenden Bild ähnelt, dann haben Sie Ihre Lebensbalance bereits gefunden.

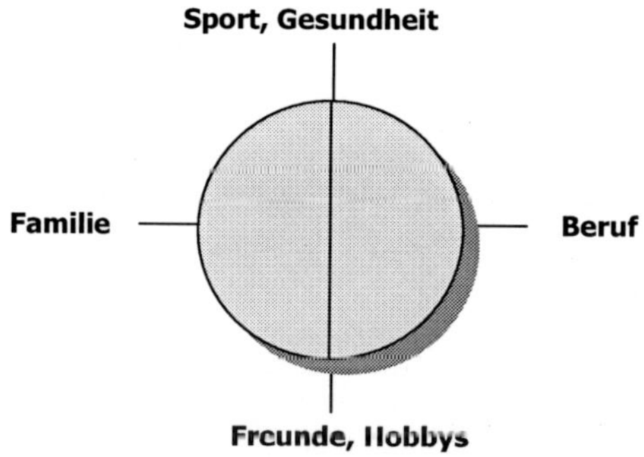

Eine ausgewogene, runde Sache, bei der kein Bereich zu kurz kommt, findet ihren Ausdruck im Kreis. In der chinesischen Mythologie steht der Kreis für Energie, die ungehindert fließen kann und somit für Leben. Die Chinesen sagen, das Chi fließt. Im krassen Gegensatz dazu steht die Figur im nächsten Schaubild, die auf eine gestörte Lebensbalance hinweist: Während nahezu alle Energie und Zeit in den Beruf fließt, kommen sämtliche anderen Bereiche zu kurz. Langfristig brennen Menschen mit dieser Struktur aus, weil sie nicht ausreichend auf ihre Balance achten. Meine chinesische Ärztin nennt dieses Bild nicht ohne Grund den „Drachen des Todes".

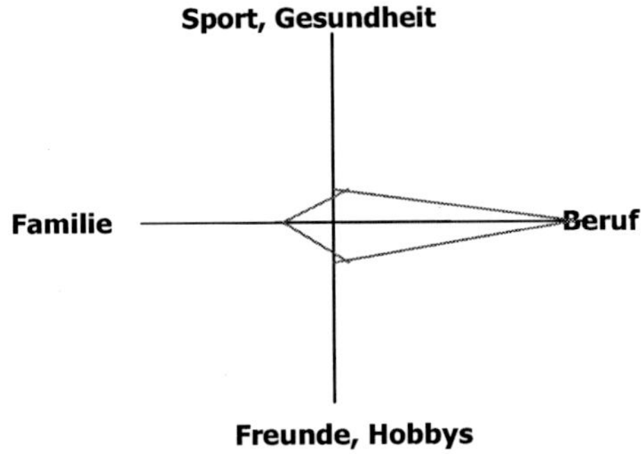

Menschen mit guter Selbstwahrnehmung laufen weniger Gefahr, in den Sog des „Drachen des Todes" zu geraten. Sie nehmen rechtzeitig ihre inneren Signale und Emotionen wahr und reagieren darauf. Diese Menschen haben gewissermaßen einen „eingebauten Seismographen", der ihnen seelische Erschütterungen schon frühzeitig meldet. Bei Selbstwahrnehmung geht es grundsätzlich um mehrere Dinge:

- Welche Auswirkungen haben meine Gefühle auf mich und warum reagiere ich in bestimmten Situationen verletzt, aggressiv, beleidigt, gekränkt, ungeduldig, überheblich, enttäuscht usw.
- Ich gehe achtsam mit mir und anderen Menschen um. Ich sorge also für mich und vernachlässige nicht meine eigenen Bedürfnisse, Wünsche und Emotionen.
- Ich kenne meine Stärken, aber auch meine Grenzen.

Menschen mit Selbstwahrnehmung verkümmern nicht zum Spielball ihrer Emotionen und benutzen ihre Mitarbeiter nicht als Blitzableiter für ihre negativen Gefühle. Sie wissen meist intuitiv, was gut für sie ist, sich „gut für sie persönlich anfühlt". Wichtig ist hierbei, dass man ständig in den Spiegel schaut, über seine Emotionen und sein Verhalten nachdenkt, sich immer wieder kritisch hinterfragt, also eine permanente Inventur seines Innenlebens macht. Besonders wichtig ist hierbei, dass man sich gerade den negativen Gefühlen, den dunklen Teilen unserer Seele stellt. Viele Manager entwickeln sich im Laufe der Zeit zu wahren Verdrängungskünstlern. Nur: Verdrängen ist der geborene Feind der Selbstwahrnehmung.

> Wer dauerhaft seine Gefühle, besonders die negativen, unter den Teppich kehrt, lebt irgendwann einmal auf einer seelischen Müllkippe.

Es ist ein Grundsatz der Psychologie, dass derjenige, der seine eigenen Verletzungen nicht anschaut, Gefahr läuft, entweder sich selbst oder andere zu verletzen. Wer Führungsverantwortung übernimmt, muss sich seinen eigenen seelischen Verletzungen stellen. „Die Beschäftigung mit der eigenen Lebensgeschichte ist daher die Voraussetzung, andere richtig zu führen".[11]

Der französische Historiker und Philosoph Michel Foucault (1926 – 1984) sieht den Schlüssel zum Verständnis unseres Verhaltens nicht wie Freud in verborgenen frühkindlichen Erlebnissen, sondern ebenfalls darin, dass wir unsere Erfahrungen unablässig prüfen und bewerten. Zu den „Technologien des Selbst" zählt Foucault unter anderem das Schreiben („Aufzeichnungen über sich selbst, Tagebuch"), die Selbstanalyse, die Gewissensprüfung und die Meditation.

Selbstwahrnehmung gibt es nicht zum Nulltarif: das „wahre Selbst" zu erforschen erfordert Disziplin und nachhaltige Arbeit an der eigenen Person; wir werden gewissermaßen zu Archäologen in eigener Sache, die in die Grabkammern ihrer Seele vordringen wollen.

Welchen praktischen Nutzen wollen wir nun aus dieser Erkenntnis ziehen?

Wir wissen jetzt, dass emotionale Führung im Unternehmen Berge versetzen kann und die Voraussetzung dafür ist, dass der „Fla-

11 Grün A., Menschen führen – Leben wecken, dtv, 2006

schengeist" entkorkt werden kann. Wer emotional führen will, benötigt als unverzichtbare Grundlage eine funktionierende Selbstwahrnehmung. Und genau auf diese Selbstwahrnehmung gilt es bei der Auswahl von Führungskräften und bei Nachwuchsführungskräfte-Programmen zu fokussieren. Selbstwahrnehmung wird heute in den meisten Unternehmen den Führungskräften nicht oder nur unzureichend vermittelt. In Assessment-Centern wird bei der Auswahl von potentiellen Führungskräften auf strategisches und analytisches Denken, auf Lösungsorientiertes Arbeiten, Verhandlungsführung und das überzeugende Auftreten geachtet; emotionale Komponenten im Bereich der Selbstwahrnehmung und des Selbstmanagements werden hingegen vernachlässigt. Warum dies so ist, liegt meines Erachtens auf der Hand. Ein großer Teil der heutigen Führungskräftegeneration ist nie profund mit emotionaler Führung konfrontiert worden und klont nun nach dem eigenen Muster die Manager von morgen. Freilich liegt darin für wendige Unternehmen auch eine Riesenchance: Durch **andersartiges** Denken bei Auswahl und Entwicklung von Führungskräften nach dem „Touch-Prinzip" kann eine völlig neue Unternehmenskultur geschaffen werden: das Unternehmen als Wohlfühlcenter für seine Mitarbeiter, die, folglich hoch motiviert, langfristig eine wesentlich bessere Ergebnisperformance abliefern. Voraussetzung hierfür ist:

Der entscheidende Schwerpunkt bei der Entwicklung von Führungskräften ist der Bereich der Selbstwahrnehmung und des Selbstmanagements. Hierzu wird ein <u>Coach</u> oder <u>Psychologe</u> engagiert (= gut investiertes Geld). Dieser steht den Führungskräften zur Reflektion dauerhaft zur Verfügung. Er hält ihnen immer und immer wieder den Spiegel vor.

Die einzelne Führungskraft muss freilich ebenfalls ihren individuellen Beitrag zur Verbesserung der persönlichen Selbstwahrnehmung leisten. Dies erfordert ein regelmäßiges Monitoring der eigenen Emotionen und des individuellen Verhaltens. Erinnern Sie sich noch an Michel Foucault? „Aufzeichnungen über sich selbst, Selbstanalyse..."

Freilich verlangt niemand von Ihnen ein Tagebuch (dafür haben Sie ohnehin keine Zeit); das wäre wohl etwas übertrieben. Allerdings ist Optimierung auch nicht zum Nulltarif zu erreichen. Ich möchte Ihnen als Hilfestellung einen „Emotionsbogen" anbieten, den Sie möglichst jeden Abend zum Tagesabschluss wie bei einer Inventur nur für Sie persönlich ausfüllen sollten. Dies ist lediglich ein Vorschlag; ich halte dieses Ritual jedoch für wichtig, damit Sie langfristig zu einer besseren Selbstwahrnehmung kommen. Gleichzeitig dient der „Emotionsbogen" als Hilfestellung für Ihre Coaching-Gespräche. Bedenken Sie bitte: Von Nichts kommt nichts! Es ist fraglos ein Aufwand, der sich aber dauerhaft für Ihre Persönlichkeitsentwicklung lohnen wird. Auch wenn Sie jetzt intuitiv davor zurückschrecken mögen: Viele Manager pflegen im Rahmen des Zeitmanagements tägliche Rituale, die längst eingeschliffen sind (Was habe ich erreicht? Wie sieht morgen mein Tagesplan aus? Welche unerledigten Aufgaben trage ich vor?); durch den „Emotionsbogen" wird lediglich ein einziges weiteres Ritual mit minimalem Zeitaufwand hinzugefügt. Wenn Sie jetzt entgegnen, dafür hätten Sie keine Zeit mehr, dann halte ich Ihnen die Geschichte von den zwei Waldarbeitern entgegen.

> *In einem Wald trifft ein Spaziergänger auf zwei Waldarbeiter, die stark schwitzend mit einer stumpfen Säge äußerst mühselig versuchen, einen Baum zu fällen. Der Spaziergänger fragt die beiden verwundert, warum sie das Sägeblatt nicht einfach schärfen, um besser arbeiten zu können. Die verblüffende Antwort der beiden lautet: „Dafür haben wir doch keine Zeit!"*

Der folgende „Emotionsbogen" ist lediglich als Vorschlag zu verstehen; passen Sie ihn ruhig (idealer weise mit Ihrem Coach) auf Ihre persönlichen Bedürfnisse an:

EMOTIONSBOGEN[12] (Datum)

1. Wie **fühle** ich mich im Augenblick? Wie ist meine Stimmung?

(z.B. traurig, bedrückt, heiter, unbeschwert)

....

....

....

....

2. Warum fühle ich mich jetzt so?

....

....

....

....

3. Was hat mich heute besonders **emotional bewegt** (z.B. gefreut, gerührt, verletzt, verärgert, verängstigt, betrübt etc.)?

....

....

....

....

....

4. Warum habe ich so reagiert?

....

....

12 angelehnt an den Befindlichkeitsfragebogen nach Prof. Dr. Gottschaldt

....

....

5. Wie war heute mein emotionales Verhalten meinen Mitarbeitern gegenüber? (Bitte genau beschreiben / nicht nur: gut / schlecht)

....

....

....

....

6. Erkenne ich Verbesserungspotential an meiner emotionalen Führung?

....

....

....

....

Der Emotionsbogen schließt idealer Weise den (Arbeits)tag ab und bietet Ihnen Gelegenheit über Ihre Gefühle nachzudenken. Der Zeitaufwand ist hierfür nahezu minimal. Wenn das Ausfüllen des Emotionsbogens zum täglichen Ritual wird, bin ich überzeugt, dass sich Ihre emotionale Führung nachhaltig verbessern wird. Es soll sich so einspielen, wie das tägliche Zähneputzen. Im Übrigen gibt es einen netten Nebeneffekt: Ihre verbesserte Sensibilität wird auch auf Ihre Partnerschaft und Ihre Freunde positive Auswirkungen entfalten. Versuchen Sie es einfach – es funktioniert!

Bevor wir nun das Kapitel der Selbstwahrnehmung verlassen, möchte ich Sie noch auf einen wesentlichen Aspekt aufmerksam machen.

Es gibt keine Wirklichkeit, es gibt nur Wahrnehmungen von Wirklichkeit!

Ich will damit zum Ausdruck bringen, dass jeder Lebenssachverhalt und die Dinge je nach Wertvorstellungen, Lebenserfahrungen, aktueller Stimmungslage unterschiedlich wahrgenommen werden. Oder anders gesagt: Jeder erschafft sich seine eigene Wirklichkeit. Wirklichkeit ist immer subjektiv. Dies wird besonders deutlich, wenn Sie beispielsweise als Unternehmer Ihre Bilanzpressekonferenz abhalten und tags darauf in den Zeitungen das breite Spektrum an Berichten lesen. Obwohl jeder Journalist die gleiche Pressemappe erhielt und an derselben Veranstaltung teilnahm, weichen die Zeitungsartikel oftmals beim sachlichen Inhalt erheblich voneinander ab.

Oder betrachten wir den Himalaya. Befindet man sich im Basislager und blickt zum Mount Everest hoch, so flößt dieser mächtige Berg Respekt und Furcht ein – die Lebensgefahr, die von ihm ausgeht, ist spürbar. Wer hingegen mit dem Flugzeug in der Nähe des Himalaya bei klarer Sicht fliegt, entdeckt eine pittoreske „Miniaturlandschaft“ von atemberaubender Schönheit, die aus dieser Perspektive nichts Gefährliches ausstrahlt. Es ist wie beim Blick auf die Modelleisenbahn: schön und bezaubernd. Ergo: Es gibt keine Wirklichkeit, nur Wahrnehmungen von Wirklichkeit.[13] Ich halte diese These im Hinblick auf die Selbstwahrnehmung für wichtig, weil niemand für den anderen einschätzen kann, wie er die Dinge sieht.

---

13 Nur der Vollständigkeit halber sei erwähnt, dass es hierzu andere Auffassungen gibt. Die buddhistische Lehre unterscheidet zwischen relativer, also von jedem unerleuchteten Wesen individuell erlebten Welt (Samsara), und absoluter Wirklichkeit (im Nirvana). Paul Watzlawick benennt Wirklichkeiten erster, zweiter und dritter Ordnung.

V.6 Einem toten Stier Baden-Baden erklären

Dr. Hans Geißlinger und seine Story Dealer Berlin erschaffen in ihren Management-Seminaren unter dem Titel „Überfälle auf die Wirklichkeit" mit den Teilnehmern ein Produkt, das es so eigentlich gar nicht gibt – die zuvor beschriebene Wirklichkeit. Inszenierte Geschichten, die auf den ersten Blick schier unglaublich anmuten, werden mit der oft banalen Realität des Alltags verschmolzen bis sich die Phantasiewelt allmählich in eine Wirklichkeit verwandelt, die nicht mehr in Frage gestellt wird. Ein besonders gelungenes und eindrucksvolles Experiment der Story Dealer möchte ich kurz darstellen.

Am 21. Dezember 1995 trafen sich Führungskräfte aus dem Bankgewerbe mit den Story Dealern in Baden-Baden. Drei Wochen zuvor hatte der französische Staatspräsident Jacques Chirac den damaligen deutschen Bundeskanzler Helmut Kohl ebenfalls in Baden-Baden besucht. Vor diesem realen Hintergrund war die fiktive Story schnell gefunden: Neben vielen weiteren Staatsgästen sei auch ein Vertreter der tibetischen Exilregierung zugegen gewesen, der der Stadt Baden-Baden bei dieser Gelegenheit ein Gastgeschenk aus seiner Heimat überreichte: einen ausgestopften schwarzen, langhaarigen und zotteligen Kopf eines tibetanischen Hochlandrinds, eines Yaks. Dieser Stier sei jahrelang in einem buddhistischen Kloster aufbewahrt und verehrt worden, da es sich um die Reinkarnation eines bedeutenden Lamas handle. Folglich wurde das Geschenk mit einer Auflage verbunden: Die tibetisch-buddhistischen Gebräuche verlangten eine schonende Einführung des Stiers an seinem neuen Wohnort, eben weil er aus seiner gewohnten Umgebung herausgerissen worden sei. Aus diesem Grund hatten die Manager nun die Aufgabe, diesem toten Yak die Stadt Baden-Baden zu erklären.

Um dieser Zeremonie die entsprechende feierliche Würde zu verleihen, entwickelten die Teilnehmer die Idee einer Prozession mit schwarzen venezianischen Masken und in Zweierreihen, bei der der Yak-Kopf auf einer Trage gut sichtbar drapiert wurde. Um dem Stier eine angemessene Eingewöhnung zu gewähren, wurde eine langsame Schrittfolge einstudiert: drei vor und zwei zurück. Ein Teilnehmer übernahm dabei die Aufgabe, dem Stier die Sehenswürdigkeiten zu erklären, wobei alles simultan ins Fran-

zösische übersetzt werden musste, weil der verstorbene Lama in Frankreich studiert hatte und kein Deutsch versteht.

Am Samstag war es dann so weit: Zwölf Menschen beginnen die Prozession im Foyer eines Baden-Badener Nobelhotels mit langsamen und feierlichen Schritten; in Ihrer Mitte ruht auf vier Schultern der imposante Stierkopf. Das Hotelpersonal und die Gäste erstarren fassungslos, für einen Moment hält der Hotelbetrieb den Atem an. Als die Prozession sich über den Marktplatz in Richtung Hauptpostamt bewegt, bilden sich die ersten Menschenaufläufe und wegen der verzögerten Schrittfolge kleinere Verkehrsstaus. Im Postamt wird dem Yakkopf dann die Schließfachanlage mit höchster Ernsthaftigkeit erklärt: „Diese in die Wand eingebauten Kammern werden von hinten gefüllt und von vorne geleert." Und die Dolmetscherin übersetzt: „Ces niches encastrees dans le mur se remplissent par derriere et se vident par devant. » Das neugierige und erstaunte Publikum stellt Fragen, die erschöpfend beantwortet werden. Die fiktive Geschichte beginnt nun ein Eigenleben zu entwickeln: Stier und Lama als Gastgeschenk samt seiner Auflage erscheinen schlüssig und schließlich kann ja jeder mit eigenen Augen diese „Realität" sehen. Passanten, die die Story nun glauben, klären andere auf, so dass sich die Geschichte in Windeseile zu multiplizieren beginnt. Ein Polizist, der eingreifen möchte, wird von Passanten beruhigt: „Der Stier ist ein Geschenk an die Stadt von einem Lama."

Bei der nächsten Station, der Sparkasse, wird zuerst ein Überfall vermutet, dann wird die Prozession zum Verlassen des Gebäudes aufgefordert. Die Gruppe erreicht ein Gespräch mit dem Direktor, der sich schließlich von der Geschichte beeindruckt zeigt. Als die Gruppe Kurs auf McDonalds nimmt, wechselt die Einschätzung des Publikums von einem Banküberfall zu einer Demonstration gegen den Verzehr von Rindfleisch. Vier Polizeibeamte stellen sich schützend vor die Fast-Food-Filiale. Den verblüfften Beamten wird der wahre Inhalt des Projekts erklärt, was auf die Polizisten weitaus unglaubwürdiger wirkte als die erfundene Geschichte. Es gibt keine Wirklichkeit, nur Wahrnehmungen von Wirklichkeit.[14]

---

14 Beispiel aus Geißlinger, H., Überfälle auf die Wirklichkeit, Berichte aus dem Reich der Story Dealer, Carl-Auer-Systeme Verlag, Heidelberg, 1999

V.7 Selbstmanagement und Empathie

Für ein wirksames Selbstmanagement ist unverzichtbare Grundlage die Selbstwahrnehmung. Ohne Selbstwahrnehmung keine Empathie, ohne Empathie keine emotionale Führung! Aus diesem Grunde habe ich der Selbstwahrnehmung im vorigen Kapitel einen so breiten Raum gegeben.

Was ist nun mit Selbstmanagement im Kontext der emotionalen Führung gemeint?

Führungskräfte mit einem wirksamen Selbstmanagement besitzen zwei Kernfähigkeiten:

- Emotionale Selbstkontrolle
- Positives Denken

V.8 Die emotionale Selbstkontrolle

Ein Freund von mir, Beamter im gehobenen Dienst der Finanzverwaltung, stand kurz vor seiner Beförderung zum Sachgebietsleiter. Fast zeitgleich wurde ihm von einem Unternehmen ein Angebot unterbreitet, als Führungskraft in die „freie Wirtschaft" zu wechseln. Mein Freund wandte sich an seinen Vorgesetzten, zu dem er immer ein sehr vertrauensvolles und kollegiales Verhältnis gepflegt hatte, und ersuchte ihn um Rat. Die Reaktion des Vorgesetzten war verheerend: Allein den Gedanken in die freie Wirtschaft zu wechseln empfand dieser als Loyalitätsbruch; er zeigte offen seine Enttäuschung und Verletzung, reagierte beleidigt und favorisierte plötzlich einen anderen Beamten als besseren Kandidaten für die Sachgebietsleiter-Position. Ein einziges Gespräch hatte genügt, um das Band des Vertrauens zwischen meinem Freund und seinem Chef zu zerschneiden.

Wer eine funktionsfähige emotionale Selbstkontrolle hat, ist in der Lage, seine **negativen** Emotionen und Impulse im Zaum zu halten. Er „rastet" gegenüber seinen Mitarbeitern nicht aus, er behandelt sie nicht ungerecht, nur weil er zuvor vielleicht selbst ungerecht behandelt wurde. Er benötigt keine menschlichen Blitzableiter, um sich selbst seelisch im Gleichgewicht zu halten.

Pater Anselm Grün beschreibt die Folgen mangelnder Selbstkontrolle sehr anschaulich: „Wenn eine Führungspersönlichkeit zwar die Instrumente der Organisation und Kontrolle beherrscht, aber persönlich unausgeglichen und unbeherrscht ist, kann sie ihrem Unternehmen zwar kurzfristig Kosten einsparen, aber auf Dauer wird sie das Unternehmen mit ihrer Unreife infizieren und die Motivation der Mitarbeiter bremsen. Die nicht bewusst gemachten Bedürfnisse und Emotionen werden auf die Mitarbeiter projiziert. Es entsteht ein „Emotionsbrei", der wie Sand das Getriebe eines Betriebes behindert".[15]

Emotionales Selbstmanagement bedeutet hingegen keinesfalls, seine Gefühle zu unterdrücken und vor den Mitmenschen zu verbergen. Dies würde uns unserer Authentizität berauben, uns die Ausstrahlung eines reservierten und gefühlskalten Roboters verleihen, der seinen Mitmenschen eher unsympathisch wäre, mit der Folge, dass wir unsere Mitarbeiter nicht wirklich erreichen würden. Es ist ganz besonders wichtig, gerade seine positiven Emotionen (Freude, Begeisterung, Glücksgefühle) auszuleben und zu zeigen. Der Mensch in einer Führungskraft soll für die Mitarbeiter erlebbar sein, er soll sie berühren. Und wie soll man denn andere begeistern, wenn man seiner eigenen Begeisterung nicht freien Lauf lässt.

„In dir muss brennen, was du in anderen entzünden willst." – Aurelius Augustinus (354 – 430), lateinischer Kirchenlehrer und Heiliger

Es sollen durchaus auch die negativen Gefühle (wie Traurigkeit, Enttäuschung) nicht unterdrückt werden. Stellen Sie sich vor, ein Manager ist traurig wegen eines Todesfalls in der Familie und er würde im Unternehmen versuchen, froh und begeistert zu wirken. Es wäre gekünstelt, nicht stimmig und für die Mitarbeiter intuitiv sofort spürbar. Emotionale Selbstkontrolle heißt im Hinblick auf die negativen Emotionen, dass wir uns ihnen bei unseren Handlungen und Worten nicht ausliefern und andere deswegen attackieren, verletzen oder demütigen. Oder anders ausgedrückt: Auch negative Emotionen können offenbart werden; allerdings nur wohldosiert und achtsam. Dies gilt in besonderem Maße für Wut und Aggressionen, auf die besonders geachtet werden muss. Lässt man seinen

15 Grün, A., a.a.O.

Aggressionen im Unternehmen freien Lauf, so entsteht bei den Mitarbeitern schon kurzfristig ein Flurschaden, der kaum zu reparieren ist. Allerdings kann ein gezielter „Wutausbruch" beispielsweise in einer Besprechung durchaus auch eine positive Wirkung und Aufmerksamkeit erzielen und die Mitarbeiter zu Veränderungen veranlassen. Nur: Dies sollte der Ausnahmefall bleiben!

Fazit: Emotionale Selbstkontrolle bedeutet, positiven Emotionen ihren ungehinderten freien Lauf zu lassen, während negative Gefühle nur wohldosiert und kontrolliert freigegeben werden sollten. Dies liegt auch auf der Hand: Wenn ein Chef ständig frustriert und ängstlich durch das Unternehmen läuft, dann steckt diese Haltung die gesamte Belegschaft an. Allerdings – und das ist mir sehr wichtig – sollten bei Chefs die negativen Emotionen nie vollständig ausgeblendet und unterdrückt werden. Einerseits wäre dies langfristig die Eintrittskarte in das Burn-Out-Syndrom, andererseits würde ein solcher Vorgesetzter seine menschliche Komponente verlieren. Er wäre für seine Mitarbeiter nicht mehr spürbar, würde sie insgesamt nicht mehr berühren.

Ein Unternehmen ist kein Maskenball. Deshalb: Nehmen Sie Ihre Emotionsmaske ab und spielen Sie keine Rolle!

Nun gibt es allen Ernstes Management-Berater wie Rainer Niermeyer von der Kienbaum Management Consultants GmbH, die der Auffassung sind, Manager müssen nicht authentisch sein, sie müssen die Rolle des Authentischen nur glaubhaft spielen. Niermeyer rät zum Rollenspiel: Die Erwartungen des Umfelds erst einmal erkennen und dann die „strategische" Herausforderung der Rollenvielfalt bewusst annehmen. Der Manager als getarntes Chamäleon, als Trickser und Täuscher! Abgesehen davon, dass die Mitarbeiter mittelfristig ein solches Verhalten erkennen und enttarnen werden (man sollte Menschen nicht für blöd halten!), disqualifizieren sich Führungskräfte, die derartige Rat – SCHLÄGE befolgen, eigentlich von selbst. Ein Manager sollte über eine herausragende Persönlichkeit verfügen und damit das Unternehmen prägen und die Mitarbeiter motivieren und sich nicht hinter Masken verstecken. Er müsste schon ein verdammt guter Schauspieler sein, um nicht entlarvt zu werden. Und wäre er das, dann stünde er vor Kameras und auf Theaterbühnen und wäre kein Manager! Falls Sie das anzweifeln sollten, erinnern Sie sich bitte einmal an jemanden aus der Hotelbranche oder der Gastronomie, der Ihnen Freundlichkeit nur vorgespielt hat: Wie lange haben Sie gebraucht, um das zu erkennen?

Schauspieler und Blender haben im Management nichts zu suchen; sie schaden dem Unternehmen langfristig, weil das Band des Vertrauens zu den Mitarbeitern zerschnitten wird. Und die Unternehmenskultur irreversibel ramponiert wird, denn der Chef prägt den Umgang im Unternehmen wie kein anderer. Deshalb kann ich nur empfehlen, authentisch zu bleiben und seine Persönlichkeit ehrlich zu zeigen.

Das folgende Schaubild soll noch einmal unsere bisherigen Erkenntnisse zusammenfassen:

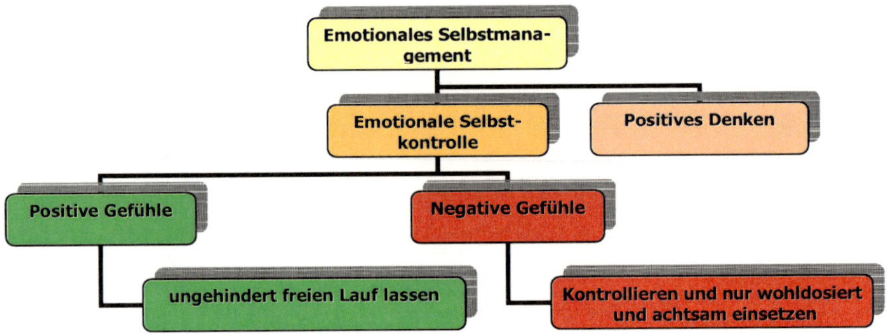

Mangelnde emotionale Selbstkontrolle aber auch fehlende Empathie sind der Hauptgrund dafür, dass so viele Mitarbeitergespräche mehr Schaden als Nutzen anrichten, sprichwörtlich „in die Hose gehen". Aus einem DAX-Konzern ist mir folgender Ablauf eines Mitarbeitergesprächs bekannt. Der Chef fragte den Mitarbeiter zu Beginn: „Wie finden Sie mich eigentlich als Führungskraft? Sind Sie ruhig offen zu mir, sie können auch Kritik an mir üben." Der Mitarbeiter formulierte ermutigt aber durchaus vorsichtig seine Kritik am Chef, worauf dieser verletzt in seiner Eitelkeit unverzüglich zum „Gegenschlag" ausholte und aus seiner Schublade ein Dossier holte, in dem er mit Datum sämtliche Fehler und Verfehlungen des Mitarbeiters festgehalten hatte. Aufgrund dieser „Rabattmarkenmentalität" entgleiste das Gespräch völlig; der Vertrauensfaden war irreparabel gerissen.

Dies ist beileibe kein Einzelfall. Führungskräfte werden sehr häufig nur unzureichend auf Mitarbeitergespräche vorbereitet. Auch dies zeigt die Notwendigkeit von begleitenden Gesprächen mit einem Coach und ein Umdenken bei der Weiterentwicklung von Nachwuchsführungskräften. Der Schwerpunkt sollte meines Erachtens eindeutig auf der emotionalen Führung liegen.

Die emotionale Selbstkontrolle ist ferner ein Werkzeug, um unsere Energien richtig zu lenken. Sie verhindert, dass wir uns wegen negativer Gefühle in Kleinigkeiten reinsteigern und auf Nebenkriegsschauplätze begeben. Ein sehr schöner und auch weiser Spruch bringt dies auf den Punkt:

> *„Gott gebe mir die Gelassenheit, Dinge hinzunehmen, die ich nicht ändern kann; den Mut, Dinge zu verändern, die ich ändern kann und die Weisheit, das eine vom anderen zu unterscheiden".*

Nur ein Beispiel aus dem Alltag zur Illustration. Ein Autofahrer blockiert mit langsamem Tempo die Überholspur der Autobahn und sie können nicht überholen. Sie können an diesem Zustand nichts, aber auch gar nichts ändern – sie sind in diesem Augenblick machtlos. Warum sollten sie sich also aufregen, toben, hupen – sie lassen dadurch Ihre Energie nur unnötigerweise verpuffen und bringen sich möglicherweise im Straßenverkehr selbst in Gefahr. Spielen Sie einfach den weisen Samurai und bleiben gelassen. Übrigens: Wer jetzt über eine gesunde Selbstwahrnehmung verfügt, stellt sich die Frage, warum er sich so heftig über diesen Autofahrer aufregt und was in ihm dadurch ausgelöst wurde.

Denken Sie bitte über folgendes nach: Nicht die anderen verletzen oder kränken uns, nicht die äußeren Umstände ärgern uns – es sind immer unsere eigenen Reaktionen, Gedanken und unser Verhalten, das uns verletzt, ärgert oder kränkt!

> Wir drehen unseren Film des Lebens selbst – jeden Tag. Und wir können immer wieder neu entscheiden, ob unser Leben eine Komödie ist oder eine Tragödie.

Auch ein vermeintlich mieser Tag kann positiv gesehen werden, wenn wir ganz besonders auf die Menschen und Situationen achten, die uns erfreuen oder berühren.

V.9 Wie Richard Kimble – auf der Flucht

Und noch ein Aspekt ist mir an dieser Stelle wichtig: Selbstwahrnehmung und emotionales Selbstmanagement erfordern ein Innehalten. Die Hektik und der Zeitdruck sind die Todfeinde der emotionalen Führung. Deshalb sollten Manager auf eine Kultur der Entschleunigung in ihren Unternehmen achten. Es liegt doch auf der Hand: Wer sich derart wichtig nimmt, dass er keine Zeit mehr hat, ist nicht mehr im Kontakt mit dem Leben: Wie soll er dann reflektieren und seine Selbstwahrnehmung verbessern? Eine kleine Episode zum Nachdenken:[16]

> *Neulich am Taxistand am Münchner Flughafen: Der junge Manager im grauen Nadelstreifen-Anzug steigt gehetzt ins Taxi, holt schon mal das Handy raus und sagt hektisch zum Fahrer: „Fahren Sie mich irgendwo hin, ich werde überall gebraucht!"*

Wer immer nur hetzt und eilt, ist ständig auf der Flucht – gerade vor sich selbst.

16 aus Schröder, J.-P., Machen Sie doch was Sie wollen, Gabal 2003, S. 27

Ein buddhistischer Mönch und sein Schüler standen vor einem Brunnen, in den der Mönch unentwegt Steine warf. „Was siehst du im Wasser", fragte der Meister. „Ich sehe nichts Meister", antwortete der Schüler. Der Mönch hörte nun damit auf, Steine in den Brunnen zu werfen. „Was siehst du nun", fragte er seinen Schüler. „Nun sehe ich klar Meister", war dessen Antwort.

V.10 Werden Sie zum Architekten der Windmühlen

„Wenn der Wind der Veränderung bläst, bauen manche Schutzhütten und andere Windmühlen."

Ein entscheidendes Kriterium für emotionales Selbstmanagement und letztlich für Führungserfolg ist **positives Denken.** Wenn eine Führungskraft Optimismus ausstrahlt, selbst in schwierigen Situationen gelassen bleibt und immer an den Erfolg glaubt, nie den Kopf in den Sand steckt, dann färbt dies auch auf die Mitarbeiter ab und schafft ein Klima des Wohlbefindens und der Zuversicht. Positives Denken ist mitreißend und ansteckend. Wie Mitarbeiter das Klima in einem Unternehmen empfinden, hängt zu etwa 50 bis 70 Prozent von einer Person ab: dem Chef.[17] Da liegt es auf der Hand, dass ein pessimistischer Vorgesetzter, der das Glas immer nur halb leer sieht, Gift für die Motivation ist.

Positives Denken bedeutet auch, dass man seine eigenen Stärken richtig einschätzt. Jedes Problem wird als lösbar angegangen, als wertvoller Schatz betrachtet und als Herausforderung verstanden.

Positiv denkende Manager handeln, pessimistische Chefs weichen aus und flüchten auf Nebenschauplätze.

Typische Chefpessimisten sind die „Toilettenpapiermanager": Mit ihnen kann man ausufernde Diskussionen zum Klopapierverbrauch in der zweiten Etage führen und über andere Nebensächlichkeiten

---

17 Goleman, D., Emotionale Führung, S. 37, a.a.O

des Unternehmensalltags schwadronieren, wenn es aber um Entscheidungen von erheblicher Tragweite geht, setzen sie ihre Tarnkappen auf und spielen verstecken.

„Du hast keine Chance – nutze sie!"

Erfolge und Siege beginnen immer erst im Kopf. Beeindruckt hat mich vor diesem Hintergrund ein Sportereignis vom 18. März 2007. Im fernen sibirischen Chanty Mansijsk fand mit dem 12,5 Kilometer Massenstart der Damen das letzte Biathlonrennen der Wintersaison statt. Dieses Rennen sollte über den Gesamtsieg im Weltcup entscheiden, wobei drei Damen noch Siegchancen hatten: Anna Carin Olofsson (Schweden) und die beiden Deutschen Kati Wilhelm und Andrea Henkel. Wer von diesen drei Läuferinnen am Ende die Nase vorn hatte, sollte auch den Weltcup gewinnen. Andrea Henkel verpatzte das erste Schießen mit gleich unglaublichen fünf Fehlern, während die Schwedin fehlerfrei blieb. Henkel lag danach schier aussichtslos mit über zweieinhalb Minuten Rückstand auf dem letzten Platz. Während der Fernsehkommentator ihr nicht mehr den Hauch einer Chance gab und laut darüber nachdachte, wann sie das Rennen aufgeben würde und wie viele Tränen sie jetzt verdrücken dürfte, glaubte Henkel weiter an ihre Chance und kämpfte unermüdlich. Am Ende war sie vor der Schwedin und Kati Wilhelm und hatte gerade wegen ihrer mentalen Stärke den Gesamt-Weltcup gewonnen.

„Ich bin ein Optimist, bei mir ist sogar die Blutgruppe positiv!" – Toni Polster, ehemaliger österreichischer Fußball-Nationalspieler

Vom ehemaligen italienischen Fußball- Nationalspieler und Europas Fußballer des Jahres 1993, Roberto Baggio, ist bekannt, dass er bei Spielen ein Band um sein Handgelenk trug, auf dem in chinesischen Schriftzeichen stand: „ICH WILL GEWINNEN!". Baggio hatte seine positive Denkweise immer visualisiert am Körper. Es ist dieser unbedingte Wille Erfolg zu haben und selbst in aussichtslosen Momenten noch eine Chance zu sehen.

Selbst bei schweren Erkrankungen kann positives Denken oft wahre Wunder bewirken, wie der Fall von Benjamin Franz aus Cham (Bayern) zeigt. Franz hatte sich leidenschaftlich dem Apnoe-Tauchen verschrieben, bei dem ohne Sauerstoffflasche nur mit einem einzigen Atemzug getaucht wird. Er konnte die Luft ganze sieben Minuten anhalten, errang mehrere Weltrekorde, unter anderem tauchte er auf 120 Meter ab, in der Trainingsvorbereitung zu seinem letzten Weltrekordversuch schaffte er sogar 135 Meter. Auf seiner Homepage www.benjamin-franz.de schreibt er: „Tief unten ist es wunderschön. Mit jedem Mal versucht man länger zu bleiben und die Glücksmomente auszudehnen. Als könnte man ganz unten seinen Körper verlassen und eins werden mit dem Ozean. Ich wollte tiefer mit einem Atemzug tauchen als je ein Mensch vor mir. Und ich war ganz unten!" Gesundheitlich ganz unten war Franz im Jahr 2002, als er beim Training zu einem neuen Weltrekordversuch auftauchte und plötzlich merkte, dass er halbseitig gelähmt war und nicht mehr sprechen konnte. Die für einen Extremsportler wie ihn niederschmetternde Diagnose der Ärzte lautete Schlaganfall. Franz hielt sich nicht mit Jammern auf, nahm sofort sein Schicksal in die Hand und kämpfte sich mit positivem Denken, unglaublicher Energie und der Unterstützung von Ärzten, Physio- und Ergotherapeuten wieder zurück ins Leben. Er lernte wieder das Sprechen und lief bereits zwei Jahre später wieder bei 10 km-Läufen mit. Heute merkt man ihm den Schlaganfall nicht mehr an.

„Das Wort Krise setzt sich im Chinesischen aus zwei Schriftzeichen zusammen: Das eine bedeutet Gefahr und das andere Gelegenheit"
– John F. Kennedy

Oder nehmen wir die Zeit vor dem Sommermärchen 2006, als die deutsche Fußball-Nationalmannschaft in der Vorbereitung auf die FIFA-WM mit 1:4 in Italien vorgeführt und deklassiert wurde. Wie viel Spott prasselte auf die Mannschaft hernieder, kübelweise wurde Jürgen Klinsmann mit Kritik für sein Konzept überschüttet. Doch der Teamchef hielt an seinem Weg unbeirrt fest, vertraute seinem Konzept und der Mannschaft und spielte sich danach in die Herzen der Menschen. Gerade der lächelnde Jürgen Klinsmann ist der Prototyp des Optimisten. Und nicht nur sein Beispiel zeigt:

Positiv denkende Menschen ziehen den Erfolg wie Magneten an.

Damit sich das positive Denken in einer Organisation besser ausbreiten kann, ist es hilfreich, wenn für Meetings unterstützende Regeln einvernehmlich festgelegt werden. Beispiele:[18]

1. Bei der Bewertung und Analyse von Vorschlägen und Ideen wird immer zuerst mit den Vorteilen und positiven Aspekten begonnen. Erst wenn diese Aufzählung abgeschlossen ist, wenden wir uns den Nachteilen und Problemen zu. Abschließend versuchen wir aus den Problemen Alternativen abzuleiten oder hierin positive Aspekte zu sehen. Der Vorteil dieser Methode (PMC-Analyse) liegt darin, dass die zarten Ideenpflänzchen von den „Schwarzsehern" nicht gleich niedergetrampelt werden und sich deshalb erst gar nicht entwickeln können.

2. Wenn jemand in einem Meeting eine Idee vorbringt, muss der Mitarbeiter mit der nächsten Wortmeldung sich zum Anwalt dieser Idee machen und diese unterstützen. Hierdurch erhält diese Idee ähnlich wie bei der PMC-Analyse bessere Überlebenschancen, weil sie nicht sofort tot geredet wird („das geht doch nicht", „das hat doch schon bisher nicht funktioniert" usw.).

Jede Führungskraft und jeder Mitarbeiter entscheidet sich jeden Tag aufs Neue, in welchem Film er mitspielen will: In einer Komödie oder in einer Tragödie.

---

18 Ich komme hierauf noch einmal bei den Themen Kreativität und Innovation zurück.

V.11 Empathie – oder wie werde ich zum 'Mitarbeiterflüsterer'

Unter Empathie versteht man die Bereitschaft und Fähigkeit, sich in andere Menschen einzufühlen. Es geht dabei darum, die Emotionen der anderen zu spüren und beispielsweise aufgrund der empfangenen Signale die Bedürfnisse des Gesprächspartners zu erkennen. Empathische Führungskräfte sind sensibel; sie nehmen Verbindung mit dem Mitarbeiter oder dem Kunden auf, schwingen dabei auf der gleichen Wellenlänge, so dass sich die emotionale Verfassung meist annähert. Das Gehirn scannt dabei unentwegt wie ein Radarschirm die Signale des Gegenübers, damit die Verbindung nicht abreißt. Empathie erfordert aktives zuhören, das Zeigen echten Interesses, damit man sich in die Lage des anderen versetzen kann.

Dies ist durchaus vergleichbar mit der Methode des „Pferdeflüsterers" Monty Roberts, der lernte, Tiere und ihre Gesten zu verstehen, um danach eine gewaltfreie Kommunikation mit den Pferden in einer ihnen verständlichen Sprache zu führen. Die Methode hilft traumatisierten Pferden ihre Ängste zu überwinden. Werden Sie also zum Mitarbeiterflüsterer!

Empathische Menschen sind unschlagbar, wenn es darum geht, die Bedürfnisse von Kunden oder Mitarbeitern zu erkennen und zu erfüllen. Sie wirken zugänglich, hören sorgfältig zu, erfassen, was die Leute wirklich beschäftigt, und treffen mit ihrer Reaktion ins Schwarze.[19]

Diese These wird durch meine langjährige Beobachtung von Mitarbeitern bestätigt: Wenn ein Mitarbeiter mit Kunden gut umgehen kann, dann zeichnet er sich auch durch gute Mitarbeiterführung aus; ist er ein Vorgesetzter ohne emotionale Intelligenz (was ja eigentlich nicht vorkommen sollte!), dann entpuppt er sich meist auch als „Kundenschreck". Hiervon gibt es sicher Ausnahmen, aber dies ist der Regelfall.

---

19 Goleman, D., Emotionale Führung, a.a.O., S.75

V.12 Jetzt geht's zur Königsdisziplin

Kommen wir nun zur Königsdisziplin: dem wirksamen **Beziehungsmanagement**. Die wichtigsten Inhalte des Beziehungsmanagements sind:

- Visionäre Führung
- Überzeugungskraft
- Teamfähigkeit

Nur wer über die zuvor besprochenen Fähigkeiten – Selbstwahrnehmung, Selbstmanagement und Empathie – verfügt, ist auch in der Lage ein wirksames Beziehungsmanagement auszuüben, was letztlich nichts anderes bedeutet, als mit den Emotionen der Mitarbeiter richtig umzugehen. Dies setzt eben voraus, dass man mit seinen eigenen Emotionen richtig umgeht und sich in die Mitarbeiter auch gut einfühlen kann. Beziehungsmanagement bedeutet darüber hinaus auch, dass die Führungskraft mit ihrem Reden und Handeln auch glaubwürdig wirkt, denn die Mitarbeiter erfühlen sehr schnell, ob ein Vorgesetzter im Einklang mit seiner Vision und seine Werten handelt und Zugang zu den Gefühlen der Mitarbeiter hat. Nur auf diese Weise kann Vertrauen im Unternehmen aufgebaut werden. Und Vertrauen ist die entscheidende Basis für eine erfolgreiche Unternehmensführung. Wenn das Vertrauen der Mitarbeiter in ihre Vorgesetzten erst einmal irreparabel zerstört ist, hilft auch die beste Motivation nicht mehr weiter – sie wird von den Beschäftigten eher als zynisch empfunden und intuitiv abgelehnt.

Ich werde in diesem Kapitel nicht auf die Teilaspekte Teamfähigkeit und Überzeugungskraft eingehen, sondern mich lieber ausführlich mit der edelsten der Manageraufgaben, der visionären Führung, beschäftigen.

V.13 Machen Sie das Unsichtbare sichtbar

Man muss nach den Sternen greifen, wenn man die Wolken erreichen will – Wim Thoelke (1927 – 1995)

Ich möchte hier auf die stärkste „Waffe“ des Beziehungsmanagements, die **visionäre Führung**, näher eingehen. Sie ist letztlich der Nährboden für Begeisterung und Motivation der Mitarbeiter; die Trumpfkarte, wenn es um Überzeugungskraft geht.

„Menschen mit einer überzeugenden Vision zu inspirieren und zu bewegen, gehört heute zu den wertvollsten Fähigkeiten einer Führungskraft. Inspirierende Führungskräfte wecken die Begeisterung ihrer Mitarbeiter für eine gemeinsame Mission. Sie geben ihnen das Gefühl, dass ihre Arbeit einen Sinn hat, der über die alltäglichen Aufgaben oder Quartalsziele hinausgeht, die so oft den Platz einer überzeugenden Vision einnehmen.“ [20]

„Wer eine Vision hat, sollte zum Arzt gehen!“ – Helmut Schmidt, Altbundeskanzler

Dieser Satz, der gerade von Menschen, die in Visionen eine Mischung aus Scharlatanerie und Träumerei sehen, häufig zur Rechtfertigung ihrer Ideenlosigkeit herangezogen wird, wird durch die starke Wirkung von emotionaler Führung ad absurdum geführt. Unternehmen brauchen kraftvolle Visionen, an denen sich ihre Mitarbeiter ausrichten können. Erst aus einer Vision lassen sich Ziele ableiten, damit alle im Unternehmen an einem Strang ziehen können und eine gemeinsame Richtung vorgegeben werden kann. Wer ohne Vision führt, kann keine Aufbruchstimmung erzeugen und stochert ständig im Nebel herum. Deshalb ist es eine der vornehmsten und wichtigsten Manageraufgaben, eine <u>sinnvolle</u> Vision für das Unternehmen zu erarbeiten und diese dann auch wirkungsvoll zu kommunizieren. Führungskräfte sollten mit Weitsicht klare Vorstellungen von zukünftigen Entwicklungen haben, um rechtzeitig Weichen stellen zu können.

---

20 Goleman, D., Emotionale Führung, a.a.O., S. 77

„Jede Unternehmung braucht einfache, klare und sie zusammenhaltende Ziele. Diese müssen leicht verständlich und herausfordernd sein, um eine gemeinsame Vision zu begründen" – Peter F. Drucker

Was ist nun eigentlich eine Vision? Unter einer Vision (vom lat.: videre = sehen; frz.: vision = traum) versteht man die Vorstellung oder das Idealbild eines Zustandes in der Zukunft. Die Vision soll eine Antwort geben auf die Frage: „Wo stehen wir in drei bis fünf Jahren mit unserem Unternehmen?" Sie gibt gewissermaßen die Marschrichtung vor, in die sich das Unternehmen entwickeln soll. Würde man einen Vergleich mit einem Navigationssystem heranziehen, so wäre die Vision die Zieleingabe. Eine Vision ist die Basis dafür, dass alle im Unternehmen an einem Strang ziehen, um einen gemeinsamen Traum zu verwirklichen. Damit eine Vision kraftvoll sein kann, gilt es verschiedene Voraussetzungen zu beachten:

- **Die Vision sollte gemeinsam erarbeitet werden.**

Selbstverständlich geht die Initialzündung mit ersten Vorschlägen und Entwürfen von der Geschäftsführung aus. Es ist meines Erachtens jedoch unverzichtbar, dass sämtliche Führungskräfte in die Erarbeitung der Vision einbezogen werden. Ich gehe sogar noch einen Schritt weiter: Beteiligen Sie auch Mitarbeiter, die keinerlei Führungsverantwortung haben, aber durchaus kreativ sind. So schaffen Sie später bei der Umsetzung eine breitere Akzeptanz im Unternehmen und zeigen ihrer Belegschaft, dass Sie diese ernst nehmen. Seien Sie offen für die Vorstellungen und Träume anderer. Es liegt auf der Hand: Wenn Mitarbeiter bei der Entwicklung der Vision entscheidend beteiligt werden, dann wird die Unternehmensvision zu ihrer persönlichen Vision und sie werden sich bei der Umsetzung wesentlich mehr engagieren. Umgekehrt wäre es ein Kardinalfehler den Menschen im Unternehmen eine Vision vorzusetzen, die im stillen Kämmerlein der Geschäftsleitung ohne Beteiligung der Mitarbeiter entstanden ist. Das Prinzip „Vogel friss oder stirb" funktioniert in den heutigen Unternehmen nicht mehr!

- **Die Vision ist „knackig“ kurz und klar verständlich, idealerweise als Bild, schriftlich zu formulieren**

Die Schriftform ist erforderlich, damit es zu keinerlei Missverständnissen kommt. In der Kürze der Vision liegt die Würze. Knappe und klare Formulierungen sind eindringlicher, lange Romane mit einer Vielzahl von „Allgemeinplätzen“ und Banalitäten ermüden und langweilen nur. Eine Vision sollte sich auf wenige, aber doch elementare Schwerpunkte konzentrieren. Besonders unter den so genannten **Leitbildern** von Unternehmen findet man massenweise nichts sagende Floskeln, die mit einer Vision nichts gemeinsam haben.

Beispiele:

- *Unsere Mitarbeiter sind unser wertvollstes Kapital / bei uns stehen unsere Mitarbeiter im Mittelpunkt*
- *Im Zentrum unserer Tätigkeit steht der Kunde, mit dem wir partnerschaftlich zusammen arbeiten/ wir sind unseren Kunden ein verlässlicher, vertrauenswürdiger Partner*
- *wir setzen auf Qualität*
- *wir nutzen den Wandel als Chance*
- *wir treten für nachhaltige Entwicklung ein*
- *wir erwirtschaften eine hohe Rendite auf das eingesetzte Kapital*
- *unsere Strategie orientiert sich am Markt*

Ich beende jetzt diese Aufzählung, damit Sie mir bei der Lektüre dieses Buches nicht einschlafen. Welche unverbindlichen Allgemeinfloskeln! Gähn – ich fasse zusammen: In der Nacht wird es weiter finster bleiben! Das Schlimme an diesen Leitbildern ist, dass Sie manchmal seitenlang (oft mit Hilfe von Unternehmensberatern) kunstvoll und doch nichts sagend ausformuliert werden, meist als eine Art Präambel für Managementsysteme und dann selig in Aktenordnern unbeachtet vor sich hin schlafen. Um dieser Unverbindlichkeit dann noch zusätzliches Gewicht zu verleihen, unterzeichnen oftmals die Führungskräfte die Leitbilder – gut sichtbar im Unternehmen ausgehängt und doch unbeachtet.

Qualität und Kundenorientierung sind heute eine Selbstverständlichkeit, ohne die Unternehmen im Wettbewerb erst gar nicht mehr anzutreten brauchen. Und dass ein Unternehmen eine möglichst hohe Rendite erwirtschaften sollte, liegt auch auf der Hand. Dafür ist es letztlich ja da. Aber: Was heißt denn hier „hohe" Rendite? Was mich an diesen Leitbildern stört, ist ihre Unverbindlichkeit und Schwammigkeit und die Tatsache, dass sie beliebig austauschbar sind. Wie wenn alle voneinander abschreiben würden. Mit einer Vision hat das überhaupt nichts zu tun. Nur noch einmal zur Erinnerung: Nur durch Andersartigkeit hebt man sich erkennbar vom Wettbewerb ab!

Der Gipfel des Zynismus sind die Lobgesänge der Leitbilder auf die Mitarbeiter. Diese Mantras vom Mittelpunkt und wertvollsten Teil des Unternehmens klingen oftmals wie blanker Hohn in den Ohren der Betroffenen, insbesondere dann, wenn deren Interessen keinerlei Beachtung in der Führungsetage finden; schlimmer noch: die Mitarbeiter wie eine frei verfügbare Masse behandelt werden. Auch aus diesem Grunde habe ich dieses Buch geschrieben.

Deshalb rate ich Ihnen: Werfen Sie Ihre Leitbilder einfach in den Müll und investieren Sie lieber in eine vernünftige Vision!

- **Integrieren Sie die „Mission" Ihres Unternehmens in die Vision**

Viele Unternehmen trennen fast sklavisch Vision und Mission. Während die Vision die Zukunftsvorstellung in drei bis fünf Jahren beschreibt, soll die Mission ausdrücken, wofür das Unternehmen steht: Wie wollen wir von unseren Kunden und der Öffentlichkeit gesehen werden? Die Mission beschreibt also gewissermaßen die Sinnhaftigkeit des Unternehmens.

Ein Besucher beobachtet in einem Steinbruch die Menschen bei ihrer Tätigkeit. Überall, wohin er blickt, sieht er mechanisch und monoton klopfende Arbeiter, die eher freudlos ihrer Beschäftigung nachgehen. Plötzlich entdeckt er einen Arbeiter, der die

Steine mit sichtbarer Begeisterung und Engagement heraushämmert. Als er ihn erstaunt fragt, warum ihm diese Arbeit im Gegensatz zu seinen Kollegen so viel Freude bereitet, antwortet dieser: „Ich klopfe hier nicht einfach Steine, sondern ich baue mit am Kölner Dom".

Diese kleine Geschichte zeigt, wie wichtig die Mission eines Unternehmens für die Motivation und Begeisterung der Belegschaft ist. Wer in seiner Tätigkeit einen übergeordneten Sinn sieht, der über das „Tagesgeschäft" hinausreicht, wird wesentlich mehr in seiner Aufgabe aufgehen als derjenige, der nur eine Teilaufgabe ohne Sinn zum Geldverdienen ausführt. Die Mission ist sozusagen die Würze für die Vision, indem sie die Menschen emotional anspricht. Und gerade diese emotionale Verankerung schafft Verbundenheit und ist die Eintrittskarte für Motivation und Begeisterung.

Beispiele für gelungene „Missionen":

- *Wir verbessern die Lebensqualität der Menschen.*
- *Wir retten Leben – jeden Tag.*
- *Bei uns wird Einkaufen zum Erlebnis.*
- *Gut ist uns nicht gut genug*
- *Wir geben der Welt sauberes Trinkwasser*

Wie könnte die Mission für Ihr Unternehmen / Ihren Bereich aussehen? Formulieren Sie bitte!

....

....

....

....

Ich schlage vor, dass diese Mission später in die Vision mit integriert wird. Wenn wir also künftig von Vision sprechen, beinhaltet dieser Begriff auch immer die Mission. Eine Trennung halte ich wegen des emotionalen Aspekts nicht für sinnvoll.

- **Arbeiten Sie konsequent an der Realisierung Ihrer Vision**

Eine Vision wird immer ein unerreichbarer Traum bleiben, wenn sie nur formuliert, aber nicht an ihrer Umsetzung gearbeitet wird. Eine Vision ist eine ideale Zielvorstellung, die erst erarbeitet werden muss. Jemand hat dies mal schön formuliert: „A vision is a dream with a deadline". Ich kenne viele Führungskräfte, die die Meister der unverbindlichen Ankündigung sind, aber selten etwas realisieren. Seien Sie also kein Umsetzungszwerg, sondern handeln Sie!

Wie Sie nun am besten zu diesem Ziel kommen, legen Sie in Ihrer **Strategie** für das Unternehmen fest. Die Unternehmensstrategie beantwortet die Frage: Wie erreiche ich mein Ziel – die Vision. Die Strategie ist also gewissermaßen der Weg zum Ziel. Der Begriff der Strategie stammt ursprünglich aus der Kriegskunst und bedeutet Heeresführung. Strategie ist der große Plan, der über allem steht. Die Entwicklung der Strategie gehört zu den wichtigsten Aufgaben des Managements.

Abgestimmt auf die Strategie sind danach die einzelnen **Ziele** mit Terminen festzulegen; die Ziele werden im Regelfall mit den Mitarbeitern persönlich abgestimmt und vereinbart (Zielvereinbarungsgespräch), wobei notwendigerweise Termine gesetzt werden. Wie der einzelne Mitarbeiter seine Ziele erreicht, bleibt ihm überlassen. Er definiert eigenständig seine Einzelmaßnahmen (Meilensteine); dieser Freiraum ist dem Mitarbeiter wegen der Eigenverantwortung unbedingt einzuräumen. Wichtig aber ist: Vision, Strategie und die Ziele müssen sorgfältig aufeinander abgestimmt sein, damit im Unternehmen an einem Strang gezogen wird. Alles Handeln wird dabei auf die Realisierung der Vision ausgerichtet.

Die Vereinbarung von Zielen ist eine grundlegende Voraussetzung, dass Visionen Wirklichkeit werden können und Strategien ihre Wirksamkeit entfalten. Ziele führen dazu, dass jeder im Unternehmen seinen Gesamtbeitrag zum großen Ganzen kennt und alle an einem Strang in eine Richtung ziehen. Zum Führen mit Zielvereinbarungen (Management by Objektives) gibt es keine Alternative, wenngleich sich Führungskräfte gerne vor Zielvereinbarungen „drücken". Dies hat einen ganz einfachen Grund: Die Formulierung von wirksamen Zielvereinbarungen setzt einerseits ein profundes Gespräch mit dem Mitarbeiter voraus, andererseits gilt es einige Regeln zu beherzigen, damit Zielvereinbarungen nicht schwammig und unkonkret bleiben. Zudem ist Voraussetzung, dass der Vorgesetzte die Fähigkeit zur Delegation und der Mitarbeiter zur Verantwortungsfreudigkeit hat. Mit wirksamen Zielvereinbarungen entsteht bei den Mitarbeitern eine höhere Identifikation mit dem Unternehmen und es wird ihre Kreativität und Motivation gefördert. Die Bausteine einer wirksamen Zielvereinbarung illustriert das folgende Schaubild:

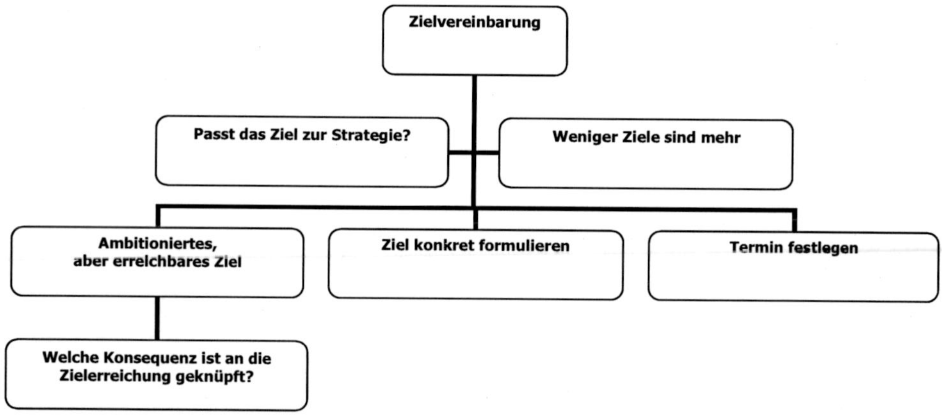

Zunächst einmal ist darauf zu achten, dass das Ziel auch zur Unternehmensstrategie passt. Dies bedeutet, dass die Ziele von oben nach unten zu vereinbaren sind. Ein Mitarbeiter sollte maximal drei Ziele haben, nicht mehr, sonst geht die Konzentration auf das Wesentliche verloren. Eine große Schwierigkeit besteht im Formulieren von ambitionierten Zielen, das heißt Ziele dürfen einerseits nicht unerreichbar sein, andererseits sollten sie aber durchaus anspruchsvoll sein. Die Messlatte sollte demnach in die richtige Höhe gelegt werden, damit sie übersprungen werden kann, der Mitarbeiter sich jedoch dazu anstrengen muss. Ein Ziel muss ferner konkret ausformuliert werden, damit es am Ende objektiv messbar ist. Hilfreich ist in diesem Zusammenhang der Zusatz: „Das Ziel ist dann erreicht, wenn ..."

Beispiele:

1. *Steigerung der Servicequalität ist kein Ziel, weil die Formulierung völlig unkonkret und die Zielerreichung nicht messbar ist. Besser wäre folgende Formulierung: Verbesserung unserer Servicequalität, die durch Kundenbewertungen beurteilt wird. Das Ziel ist dann erreicht, wenn bis 31.12. die Vorjahresbewertung um mindestens 15% übertroffen wird.*
2. *Verkürzung unserer Bearbeitungszeit ist ebenfalls unkonkret und nicht messbar. Besser: Wir verkürzen unsere heutige Bearbeitungszeit von durchschnittlich 10 auf 8 Tage bis zum 31.12.*

Wichtig ist ferner die Festlegung eines Endtermins für die Zielerreichung sowie eine schriftliche Fixierung, welche Konsequenz an die Zielerreichung geknüpft ist (Prämienhöhe!). Diese Voraussetzungen habe ich im folgenden Schaubild noch einmal kurz zusammengefasst:

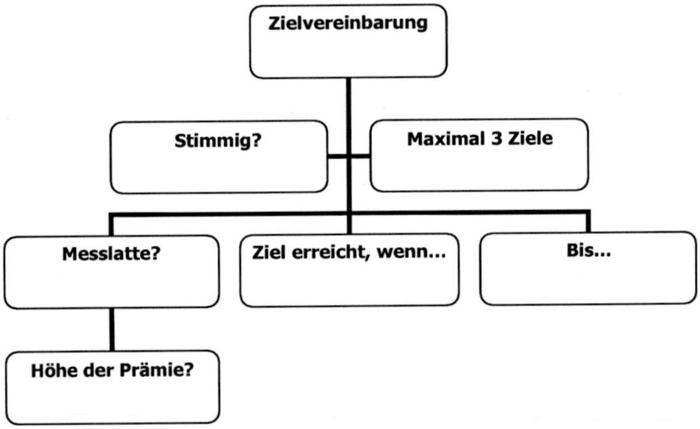

Den Gesamtzusammenhang verdeutlicht das folgende Schaubild:

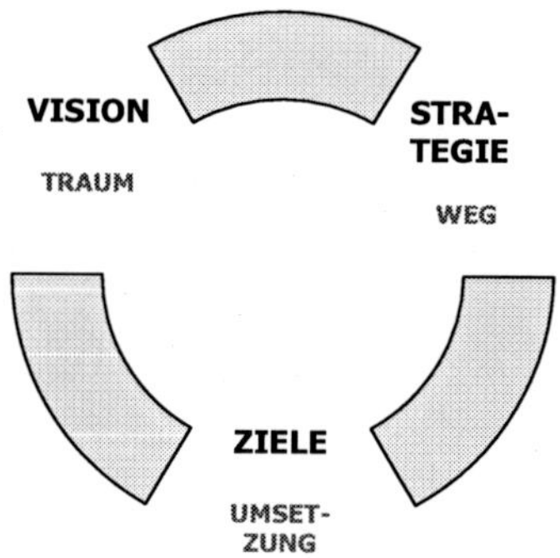

- **Schaffen Sie Transparenz und kommunizieren Sie Ihre Vision und Strategie**

Die beste Vision kann ihre Kraft nicht entfalten und endet als Fata Morgana, wenn sie den Mitarbeitern nicht kommuniziert wird. Wie sollen im Unternehmen sonst alle an einem Strang ziehen, wenn sie weder Traum noch Weg kennen. Ein Eigentor schoss insoweit ein mir bekannter Manager, der die Auffassung vertrat, Strategien seien geheime Verschlusssachen, die der breiten Belegschaft nicht offen gelegt werden dürften. Dass er niemals seine Strategien umsetzen konnte, liegt auf der Hand.

Wenn Führungskräfte ihren Mitarbeitern Vision und Strategie, also den großen Zusammenhang, erklären, dann zeigen sie damit auch, dass sie ihre Mitarbeiter wert schätzen und ernst nehmen. Die Mitarbeiter haben ein berechtigtes Interesse daran zu erfahren, wohin das Unternehmen steuert, schließlich hängen ihre Arbeitsplätze daran. Und jeder Mitarbeiter muss seinen persönlichen Beitrag zur Umsetzung der Strategie kennen. Damit im Unternehmen Transparenz zu Vision und Strategie herrscht, empfehle ich folgende Maßnahmen:

- Geben Sie jedem Mitarbeiter die wesentlichen Inhalte von Vision und Strategie schriftlich an die Hand (darf ruhig eine Hochglanzbroschüre sein!).
- Finden Sie wegen des Wiedererkennungswerts einen einprägsamen Arbeitstitel (z.B. Fit for Future).
- Stellen Sie Vision und Strategie zusätzlich ins Intranet.
- Versuchen Sie die Vision in ein Bild umzusetzen, das Sie den Mitarbeitern als Poster oder Mouse-Pad aushändigen. Bilder sind einprägsamer! Hilfreich sind insoweit beispielsweise Visionszeichner (siehe www.visuelle-protokolle.de).
- Erläutern Sie den Mitarbeitern in Versammlungen unbedingt Vision und Strategie und diskutieren Sie mit Ihren Beschäftigten. Seien Sie offen für Kritik und Verbesserungsvorschläge! Bedenken Sie: Das Bessere ist der Feind des Guten. Strategien leben – Modifizierungen sind jederzeit möglich
- Entfachen Sie nicht nur ein einmaliges Strohfeuer, sondern halten Sie Vision und Strategie im Unternehmen permanent am „Glühen". Erinnern Sie bei Meetings immer an die Ziele und reden Sie über die Umsetzung. Und ganz wichtig: Informieren Sie ihre Beschäftigten regelmäßig (z.B. anlässlich von Betriebsversammlungen) über den Stand der Realisierung der Strategie (auch über Rückschläge und Niederlagen – das gehört zwingend zu einer offenen Unternehmenskultur und schafft Vertrauen).
- Feiern Sie mit den Mitarbeitern Erfolge bei der Umsetzung der Strategie.

Als ich mit den Führungskräften bei einem meiner letzten Unternehmen Vision und Strategie entwickelt hatte, gingen wir bei der Kommunikation einen außergewöhnlichen Weg. So standen Top-Management und der obere Führungskreis eines Tages frühmorgens ab sechs Uhr an den Eingängen zum Unternehmen und empfingen jeden Mitarbeiter mit Handschlag. Dabei erhielten die Mitarbeiter die Broschüre „Fit for Future" mit Vision und Strategie, sowie einen Bambus. Der Bambus war das Symbol für einen Teil unserer Strategie: Er stand einerseits für Wachstum, andererseits für unsere geplante Geschäftserweiterung in China.[21] Dabei schenkten wir zur Begrüßung Tee aus. Diese Aktion kam bei den Mitarbeitern unglaublich gut an: So konnten wir immer wieder hören, dass eine Geschäftsführung „zum Anfassen", die den Dialog sucht, sehr begrüßt wird. Mittags diskutierten wir dann mit den Mitarbeitern vor der Kantine, danach wurde in Teilbetriebsversammlungen die Strategie noch einmal erläutert. Übrigens: In einem sehr frühen Stadium hatten wir die Betriebsräte in die Strategie eingebunden.

21 Zur Verdeutlichung: In China bestehen Baugerüste aus Bambusstangen.

Die beiden folgenden Bilder zeigen die Titelseite des „Strategie-Prospekts“ sowie die beschriebene Kommunikationsoffensive, bei der wir die Mitarbeiter der LGA über die Strategie informierten:

Trotz noch so gut gemeinter Kommunikation gelingt es nicht, alle Mitarbeiter auf die Vision und Strategie einzuschwören. In meinen Anfängen im Management „kämpfte“ ich um jeden Mitarbeiter, diskutierte stundenlang und versuchte auch die größten Pessimisten zu überzeugen, bis ich erkannte, dass mich diese Mitarbeiter die meiste Energie kosteten – oftmals umsonst. Heute bin ich nicht mehr bereit, auch den letzten Kritiker zu gewinnen. Es genügen mir breite Mehrheiten im Unternehmen, die den Kurs des Managements unterstützen. Es ist im Unternehmen wie in der Gesellschaft – an den Rändern finden sich die „Extremen", diejenigen Pessimisten, die – wie Reinhard K. Sprenger es formuliert - ständig das Haar in der Suppe suchen und sich so lange kopfschüttelnd vor die Suppe setzen, bis schließlich ein Haar hineingefallen ist.[22] Die Pessimisten können durchaus einen hohen Wert für das Unternehmen haben, deshalb lebe ich in friedlicher Koexistenz mit ihnen, ohne sie weiter von meiner Vision oder Strategie überzeugen zu wollen.

- **Glauben Sie an Ihre Vision/Strategie und handeln Sie danach**

Dies ist für das Gelingen der entscheidende Punkt überhaupt. Ihre Mitarbeiter spüren intuitiv, ob Sie an ihre Vision / Strategie glauben oder ihnen etwas vormachen. Dies gilt im Übrigen für die gesamte Führungsmannschaft. Nichts ist schädlicher, als wenn ein Manager sich im Mitarbeiterkreis zweifelnd über die vereinbarte Strategie äußert oder durch sein Handeln demonstriert, dass er nicht an die gemeinsame Vision glaubt. Dies ist in hohem Maße für das Unternehmen selbst zerstörerisch! Wenn Sie allerdings an ihre Vision glauben und dies auch nachhaltig mit ihrem Handeln untermauern, dann werden Sie im Unternehmen bei ihren Mitarbeitern eine unglaubliche Energie freisetzen und ihre Leidenschaft wird hoch ansteckend als Virus der Begeisterung ins Unternehmen getragen. Ihre Vision wird zu einem Magneten: Das Unternehmen wird auf das Ziel ausgerichtet und alle ziehen an einem Strang. Es entsteht ein Gemeinschaftsgefühl; jeder leistet seinen individuellen Beitrag zum großen Ganzen.

„Der Glaube versetzt Berge" - Volksmund

Wirtschaft wird im Kopf entschieden. Dies erleben wir tagtäglich an den Börsen; schon kleine Hiobsbotschaften oder Gerüchte können dort Kursstürze auslösen. Oder denken Sie an die deutsche Politik

22 Sprenger, R., Das Prinzip Selbstverantwortung, S. 61, Campus

vor einigen Jahren: Zukunftsängste führten bei den Verbrauchern zu einer Kaufzurückhaltung; von Aufschwung und Wachstum konnte keine Rede sein.

Ich will damit sagen, dass unsere Gedanken unser Handeln entscheidend beeinflussen. Negative Gedanken rauben uns erhebliche Energie. Vielleicht kennen Sie auch Menschen, die das Unglück und die Niederlagen förmlich anziehen, eben weil sie weder an sich glauben noch positiv denken. Umgekehrt ziehen Menschen mit einer Vision und positiven Gedanken den Erfolg wie Magneten an. Wer in seinem Unterbewusstsein wie auf einer Computer-Festplatte seine Vision und Träume als Zielfoto bildlich ablegt und sich dabei immer wieder vorstellt, wie gut es sich anfühlt, dieses Ziel zu erreichen, der wird am Ende seine Visionen auch realisieren. Solche Visualisierungen setzen unglaubliche Energien frei und geben uns einen wahren Energieschub. Setzen Sie also Ihre Vision in ein Zielfoto bildlich um und holen Sie sich dieses Bild jeden Tag vor Ihre Augen. Oder bitten Sie Ihre Mitarbeiter darum, die Vision als Fotografie oder als einen kleinen Film umzusetzen. Sie erhalten dabei den netten Nebeneffekt, dass Sie die Kreativität Ihrer Mitarbeiter fördern.

„If you can dream it, you can do it" – Walt Disney (1901 – 1966)

Solche Visualisierungen oder auch Affirmationen (= Wiederholen von positiven Selbstsuggestionen in Gegenwartsform) sind kein esoterischer Hokuspokus, sondern werden im mentalen Training beispielsweise bei Sportlern seit vielen Jahren erfolgreich eingesetzt. Mentales Training verleiht dem Sportler Selbstvertrauen, innere Sicherheit und Konzentration. Ebenso können Ängste und Hemmungen durch mentales Training erfolgreich bekämpft werden. Der wohl beste Tennisspieler aller Zeiten, der Schweizer Roger Federer, konnte seine volle Stärke trotz Talents und großem Fleiß erst nach mentalem Training entfalten. Mentales Training wird erfolgreich auch in der Rehabilitation (z.B. nach einem Schlaganfall) eingesetzt. Visualisierungen aktivieren nachweislich jene Gehirnzellen, die wir für die spätere Aktivität bei der Umsetzung benötigen.

Diese Autosuggestionen (= Selbstbeeinflussung) trainieren unser Unterbewusstsein, an Ziele zu glauben und wurden von dem französischen Apotheker Emile Coue entwickelt. Er stellte fest, dass die Wirkung der Medikamente durch seine Worte an die Patienten bei deren Übergabe beeinflusst werden konnte.

„Das Wesen der Suggestion besteht darin, dass in der eigenen Person oder in einem anderen Menschen im Unterbewusstsein eine bestimmte Vorstellung erzeugt wird. Dadurch erreicht man eine Beeinflussung seiner Gefühle, seines Urteils und seiner Willensentschlüsse“.[23] Professor Ch. Baudouin bezeichnet Suggestion als die unterbewusste Verwirklichung einer Idee. Unsere Gedanken prägen unsere Persönlichkeit, positiv wie leider auch negativ, und bestimmen damit unser Schicksal.

Wir können unser Unterbewusstsein auf Erfolg und Glück programmieren!

Wer ein großes Ziel erreichen will, muss felsenfest an sich und an seine Verwirklichung glauben. Das Unterbewusstsein setzt dann starke Kräfte frei.

V.14 Die musikalische Ich-AG

Die niederbayerische Gitarristin und Songschreiberin Barbara Clear fuhr in den 80er Jahren Taxi, um sich ihre Musik zu finanzieren. Schon damals schmiedete sie einen kühnen Plan: Einmal vor einem Riesenpublikum in einer der großen Konzertarenen auftreten! Barbara Clear mietete 2001 die Olympiahalle in München für ihr Konzert an – und wurde dafür in der Musikszene milde belächelt, war sie bis dato nur einem kleinen Publikum bekannt. Über eine selbst veranstaltete Konzerttour mit über 200 Konzerten auf kleineren Bühnen in zweieinhalb Jahren verkaufte Barbara Clear ihre 10 Euro teuren Eintrittskarten für das Münchner Konzert und schaffte es tatsächlich, im April 2004 mehr als 8000 begeisterte Menschen in ihr Konzert in die Münchner Olympiahalle zu bringen. Im März 2005 mietete sie die Olympiahalle ein zweites Mal und konnte dann vor 5000 Menschen spielen. Eine Vision, die fast an Größenwahn grenzte, wurde Realität! Barbara Clear, die musikalische Ich-AG mit Sän-

23 Tepperwein, K., Die hohe Schule der Hypnose, S. 36, mvg-Verlag

gerin, Managerin und Ticket-Agentur in Personalunion hatte ihren großen Lebenstraum verwirklicht.

V.15 Poesie gegen Waffengewalt

Fernando Rendon, 1951 in Medellin geboren, zählt zu den bekanntesten Dichtern Südamerikas. Seine kolumbianische Heimatstadt erlangte in den 90er-Jahren wegen Drogenmafia und Guerillakrieg traurige Berühmtheit: Innerhalb von zehn Jahren verzeichnete die Stadt 45000 gewaltsame Todesfälle. Als Gegengewicht zu Angst und Terror rief Rendon 1991 mit anderen Lyrikern das erste Poesiefestival von Medellin unter dem Motto „Poesie ist Macht" ins Leben. Seine Vision war „Poesie gegen Angst und für Frieden". Zu den ersten Lesungen kamen mehrere tausend Menschen, heute ist es das weltgrößte Poesiefestival mit den höchsten Publikumszahlen (regelmäßig mehr als 100000 Zuhörern) und mit den meisten ausländischen Dichtern. Während der zehn Festivaltage zieht Frieden in die Stadt ein – noch nie ist das Festival von einer der bewaffneten Gruppen angegriffen worden. Fernando Rendon erhielt 2006 den Alternativen Nobelpreis.

Die Beispiele von Visionären könnten schier unendlich fortgeführt werden: Von Walt Disneys kühnen Plänen eines Vergnügungsparks über Henry Ford („jeder Amerikaner hat sein Auto ") bis hin zu Bill Gates, der die Computer für die breite Masse erst bedienbar machte und Windows erfand. Oder die Vision der beiden Brüder Theo und Karl Albrecht: „Wir verkaufen qualitativ hochwertige Produkte möglichst preiswert!" ALDI ist bis heute eine Erfolgsstory, die seine Gründer zu den reichsten Menschen der Welt gemacht hat. Oder im Leistungssport: Das Sommermärchen, unvergessen, losgetreten von Jürgen Klinsmann: „Wir werden Weltmeister!"

Auch die Politik braucht Visionäre, um die Menschen zu erreichen: Denken wir an Willy Brandt mit seiner visionären Ostpolitik und seinem legendären Satz: „Lasst uns mehr Demokratie wagen!" Nicht ohne Grund zählt er bis heute zu den beliebtesten deutschen Politikern, weil er die Menschen und ihre Herzen berührt hat. Oder John F. Kennedy, der Anfang der sechziger Jahre den damals kühnen Traum von der Mondlandung propagierte: „Wir haben uns entschlossen, in diesem Jahrzehnt zum Mond zu fliegen!" Als dieser

Traum vollbracht war, titelte die BILD-Zeitung: „Der Mond ist jetzt ein Ami!"

Gerade die jüngere deutsche Politik erreicht die Menschen nicht mehr, weil es ihr an einer überzeugenden Vision fehlt – die Bürger sehen nur Einzelmaßnahmen und Sparappelle, jedoch keinen Gesamtzusammenhang mehr. Dabei kann Deutschland durchaus mit einer großen Aktiengesellschaft verglichen werden: die Kanzlerin fungiert dabei als Vorstandsvorsitzende der Deutschland AG und zu ihren vornehmsten Aufgaben würde es gehören, eine klare Vision zu entwickeln, zu kommunizieren und umzusetzen. Andere Länder praktizieren dies heute höchst erfolgreich und setzen dabei in ihrer Bevölkerung gigantische Kräfte frei. Man braucht sich nur einmal die Masterpläne der Regierung in China anzusehen. Dieses Land hat wie beispielsweise auch Indien ein alles überragendes Ziel: Weltwirtschaftsmacht Nummer eins zu werden! Und wer in der jüngeren Zeit China oder Indien bereisen konnte, staunt über die gewaltigen Veränderungen, die eben Visionen auslösen können. Oder blicken wir nach Dubai mit seinen kühnen Visionen, dem segelähnlichen Luxushotel Burj-al-Arab im Meer oder der Palmeninsel im Persischen Golf. Alles wird dort einem Ziel untergeordnet: Wenn in absehbarer Zeit die Erdölreserven erschöpft sind, will man im Tourismus führend sein. Oder Südkorea, das Bildung und Innovation zum Staatsziel Nummer eins proklamiert hat: die Menschen ziehen dort begeistert an einem Strang.

Im Kleinen findet man in der deutschen Politik durchaus auch Leuchttürme, wie beispielsweise den Erlanger Oberbürgermeister Dr. Siegfried Balleis, der seine Stadt visionär zum „Medical Valley", also zur Gesundheitsstadt in Deutschland machte. Auf dieses große Ziel richtete er seine gesamte Stadtpolitik aus – und der Erfolg gibt ihm Recht.

Dieser kleine „Abstecher" in die Politik erscheint mir auch deshalb wichtig, um aufzuzeigen, dass Führungskräfte jedweder Organisation, ob in Unternehmen, in der Politik, in karitativen Organisationen, in Sportvereinen oder auch in der Verwaltung die Fähigkeit zu Visionen haben müssen. Ich schreibe dies besonders vor dem Hintergrund der Kritiker von Visionären: Malik[24] will in der Vision gar eines der gefährlichsten Modewörter der letzten Jahre entdeckt ha-

24 Malik, F., Gefährliche Managementwörter, S. 41 ff., FAZ Institut für Management-, Markt- und Medieninformationen GmbH, 2004

ben. Visionäre sind für ihn Bluffer, Träumer und Scharlatane, Visionen folglich Luftschlösser und Kartenhäuser. Ich will nicht bestreiten, dass etliche große Visionen als Rohrkrepierer endeten, die letztlich nur Geld „verbrannten", im ungünstigsten Fall auch Firmen in den Ruin trieben. Besonders am Neuen Markt im Zuge des Internet-Hype gibt es zahlreiche Beispiele, aber auch renommierte Unternehmen wie beispielsweise Daimler hatten bei Visionen nicht immer ein glückliches Händchen. Erst scheiterte der integrierte Technologiekonzern von Edzard Reuter, später platzte Schrempps Traum von einer Welt-AG wie eine Seifenblase.

Ich erachte es beileibe nicht als visionär, wenn möglichst viele Unternehmen zusammen gekauft werden, nur um Größe zu erlangen. Nur weil Visionen auch gescheitert sind und immer wieder scheitern können, z.B. mangels konsequenter Umsetzung oder weil von vornherein nur eine Illusion vorlag, die der Eitelkeit des Managements schmeichelte, halte ich es für maßlos übertrieben, den Begriff „Vision" als gefährliches Managementwort einzustufen. Abgesehen davon, dass jede Verallgemeinerung nicht Ziel führend ist, gibt es zuhauf Beispiele gelungener Visionen. Und wie arm wäre unsere Welt heute gerade ohne Visionen: Ich denke dabei an die Fortschritte in der Medizin, an große Erfinder, aber auch an die Erbauer der Pyramiden oder König Ludwig II. und sein Schloss Neuschwanstein.

Wie findet man nun eine sinnvolle Vision für das Unternehmen? Nicht eine solche Plattitüde, wie sie ein Baukonzern als Vision anpreist: „Wir bauen die Welt von morgen". Was soll ein Baukonzern denn auch anderes machen, als die Welt von morgen bauen zu wollen? Was soll daran visionär sein?

Es gibt viele Beispiele für sinnvolle und gute Visionen:

- „Wir sind Weltmarktführer in der Medizintechnik und retten Leben!"
- „Wir sind **der** Gesundheits-TÜV und arbeiten für die Lebensqualität der Menschen!"
- „Wir entwickeln uns von einer Verwaltung zum besten kommunalen Dienstleister in Deutschland und sind nah am Menschen!"

- „Wir verkaufen nicht nur Autos, sondern Erlebnisse!"
- „Möglichst viele Menschen sollen davon träumen, einen Mercedes zu fahren, und wenn sie es sich leisten können, sollen sie diesen Traum auch verwirklichen!"
- „Unsere Filialen sind Wohlfühlcenter für unsere Kunden!"
- „Wir steigern unseren Umsatz um jährlich 5% bei gleich bleibender Rendite!"
- „Jeder in Deutschland kauft unsere Backwaren und kommt gerne zu uns, weil wir die Besten und Freundlichsten sind!"
- „Wir entwickeln uns von einer Behörde zu einem modernen Dienstleister!"
- „Das Weltall für alle!"
- „Egal, ob Amerikaner, Deutsche oder Asiaten – alle haben das Bedürfnis zusammenzukommen. Starbucks ist der Ort dafür, Starbucks bringt die Menschen zusammen!"

Zu einer überzeugenden Vision gelangt man nicht durch ausschließlich analytisches Denken, sondern hier sind vor allem intuitive und assoziierende Fähigkeiten gefragt: Es geht gerade um das „Bauchgefühl" und die Erzeugung von Bildern. Natürlich muss ein Manager vorab Markt, Wettbewerb, Stärken und Schwächen des eigenen Unternehmens sorgfältig analysieren und ebenso die Chancen erkennen. Danach ist aber im Sinne eines ganzheitlichen Prozesses die rechte Gehirnhälfte gefragt, die für das kreative Denken und die Bilder zuständig ist. Visionäres Denken erfordert Loslassen, Träumen, Eintauchen in andere Welten und vor allem die Fragestellung: Wie fühlt sich diese Idee im Bauch an? Meine Erfahrung ist, dass Visionen nicht auf Knopfdruck am Schreibtisch in der gewohnten Umgebung entstehen können. Förderlich sind Ortswechsel: Raus aus dem Alltag, rein in die Natur, einen inspirierenden stillen Ort, der zur Meditation einlädt, zum Loslassen von alten Strickmustern und Zulassen von spielerischen Einfällen. Oder besonders hilfreich ist Bewegung: Wie viele Ideen sind mir schon beim Joggen gekommen. Ideen sind aber auch wie Wolken: Sie tauchen auf und ziehen vorüber, wenn sie nicht festgehalten werden.

Deshalb empfehle ich Ihnen immer ein kleines Notizbuch bei sich zu tragen.

Notieren Sie darin Ihre Einfälle und Ideen, sammeln Sie! Der geniale österreichische Sänger Hans Hölzl, alias Falco, trug zum Notieren seiner Einfälle und Texte immer ein kleines Notizbuch bei sich. Eine Vision entsteht nicht innerhalb von einer Stunde: es ist wie mit einem guten Wein; sie braucht Zeit, um zu reifen. Die Feinde der Vision sind die Hektik und der Zeitdruck: Visionäres Denken erfordert Ruhe, Entspannung und Gelassenheit. Schaffen Sie sich die Freiräume hierfür!

Visionen sind wie gesagt Träume, die man sich erfüllen will. Und was ist schon schlecht daran, wenn jemand an seine Träume glaubt. Gäbe es keine Visionäre, würde sich die Welt nicht verändern. Blicken wir noch einmal auf den Mega-Optimisten Jürgen Klinsmann, dessen Vision es ist, den Fußball zu erneuern – zu einem schnelleren, attraktiveren Spiel! Vor diesem Hintergrund lässt Klinsmann das Spiel vermessen: Laufwege der Spieler und wie lange sie den Ball halten, bevor er wieder abgespielt wird. Und Klinsmann arbeitet mit Mentalcoaches, die die Spieler stark machen sollen, „schließlich werden Spiele im Kopf entschieden", resümierte er bei seinem Dienstantritt bei Bayern München, „und genau um diesen Kopf kümmert sich bislang niemand". Klinsmann berührt die Menschen, begeistert, weckt Emotionen – er ist der Prototyp des emotionalen Leaders. Dies wird durch viele Gesten auch außerhalb des Platzes unterstrichen: Wenn er seinen früheren Nationalspielern und Bundestrainer Löw Glückwunsch-E-Mails zum Erreichen des EM-Finales sendet oder dem früheren Bayern-Vorstopper „Katsche" Schwarzenbeck völlig unerwartet zu dessem 60. Geburtstag gratuliert und hierzu in Schwarzenbecks Kiosk persönlich erscheint. Schwarzenbeck war überrascht und gerührt: „Ich dachte zuerst, ein Klinsmann-Double würde meinen Laden betreten!" Das Rezept von Jürgen Klinsmann ist einfach und doch effektiv: „Ich stehe jeden morgen auf und überlege mir, was ich positiv bewirken kann".

Stehen Sie also jeden Morgen auf und überlegen Sie sich, was Sie heute für Ihr Unternehmen und für Ihre Mitarbeiter positiv bewirken können! Und ziehen Sie am Abend ehrliche Bilanz!

V.16 Keiner schlafe!

Zum Abschluss dieses Kapitels möchte ich Ihnen noch einen besonders anrührenden Visionär vorstellen, den Sie möglicherweise aus der Werbung kennen: den Waliser Paul Potts.

Obwohl seine Eltern keinerlei Interesse an klassischer Musik hatten, entdeckte Paul Potts seine Leidenschaft für Opernarien schon sehr früh – sein Lebenstraum wurde durch eine Aufnahme von Jose Carreras geweckt: ein Operntenor zu werden. Diesem Ziel ordnete Paul sein Leben unter: Er nahm früh Gesangsunterricht und ging später nach Italien an eine Opernschule, die er privat durch seinen Verkäuferjob mit Überstunden als Regalpacker finanzierte. Dennoch häufte er wegen seines Lebenstraums Schulden von etwa 40000 € an. Potts verfolgte seinen Traum konsequent; selbst von einem Nierentumor und einem Unfall ließ sich der Visionär nicht niederringen. Sein großer Augenblick kam im Juni 2007, als Potts in der englischen Castingshow „Britain's Got Talent" auftrat. Mit Doppelkinn, schlechten Zähnen und traurigem Blick. Das gefürchtete Jury-Mitglied Simon Cowell rollte die Augen: Was wollte dieser Underdog-Typ in seiner Show?

Und dann begann Potts zu singen – fast unwirklich schön: Nessun Dorma (Keiner schlafe!) aus der Oper Turandot von Giacomo Puccini. Ein Hauch von Pavarotti wehte über die Bühne - Gänsehaut-Feeling und ein ergriffenes Publikum. Die Jurorin Amanda Holden bekam wässrige Augen – Paul hatte sich in die Herzen gesungen; das war ganz großes Kino von einem Visionär, der immer an seinen Traum geglaubt hatte. Sein Debütalbum „One Chance" verkaufte sich später über zwei Millionen Mal, war in Deutschland und Großbritannien Nummer 1 in den Album-Charts. Und der Telekom-Werbespot mit eben diesem emotionalen Moment aus der Casting-Show avancierte ein Jahr später zum Kulthit. Märchenhaft.

VI SCHAFFEN SIE FREIRÄUME FÜR IHRE MITARBEITER!

„Führen ist die Kunst, nicht zu führen" – Hans Werthen (*1919)

Zur Verdeutlichung, an welchem Punkt wir jetzt stehen, werfen wir noch einmal einen Blick auf unser Ausgangsschaubild:

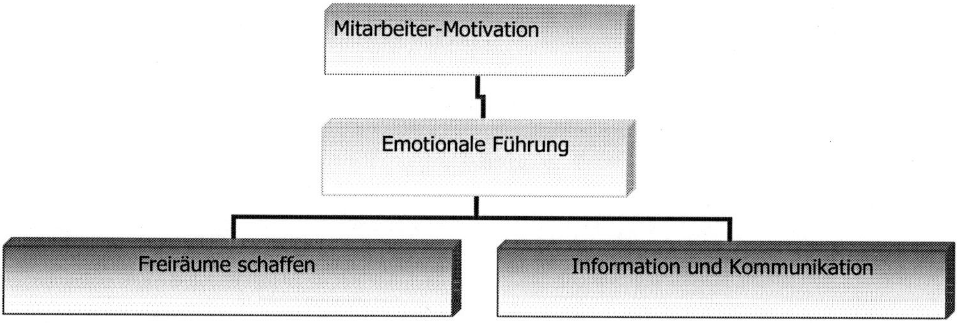

Während die emotionale Führung, so wie wir sie im vorigen Kapitel erarbeitet haben, gewissermaßen das unverzichtbare Fundament im Hinblick auf die Mitarbeiter-Motivation ist, entscheidet das Schaffen von Freiräumen für ihre Mitarbeiter darüber, ob Sie den Flaschengeist in ihrem Unternehmen entfesseln können oder ob der Geist in der Flasche gefangen bleibt. Die Initiative „Neue Qualität der Arbeit" (INQA), die von Bund, Ländern, Arbeitgeberverbänden, Gewerkschaften und Krankenkassen getragen wird und sich für eine menschengerechte und wettbewerbsfähige Arbeitswelt einsetzt, hat festgestellt, dass nur etwa 40 Prozent der Arbeitnehmer Einfluss auf ihre Arbeit nehmen können. Die Mehrheit habe dagegen nur wenig oder überhaupt keinen Einfluss auf Arbeitsplanung, Arbeitszeitgestaltung, die Art der Aufgaben oder die Ausgestaltung des Arbeitsplatzes. Noch schlechter ist es um die Kreativität bestellt: Nur 38 Prozent sehen an ihrem Arbeitsplatz sowohl Möglichkeiten für Kreativität als auch für Abwechslung in der Arbeit.

Eine Studie der Universität Bonn („Misstrauen – die versteckten Kosten der Kontrolle") kommt zu dem Ergebnis, dass Chefs besser fahren, wenn sie die Zügel lockerer lassen und ihren Mitarbeitern nicht zu sehr auf die Finger schauen. Im Gegensatz zur oft vorherrschenden Meinung in den Chefetagen arbeiten die meisten Menschen mehr, als sie eigentlich müssten – es sei denn, sie werden bei ihrer Arbeit ständig kontrolliert. Die Wechselwirkung zwischen Vorgesetztem und Mitarbeiter ähnelt einer sich selbst erfüllenden Prophezeiung: Wer seinen Mitarbeitern misstraut, der wird von ihnen tatsächlich mit schlechten Leistungen bestraft; wer ihnen hingegen vertraut und vor allen Dingen Entfaltungsmöglichkeiten und Freiräume lässt, der wird von ihnen mit guten Ergebnissen belohnt.

Machen Sie sich in Ihrem Unternehmen nicht zum Controlletti und nicht zum Arbeitswächter!

Das ist nun wirklich nicht ihre Aufgabe, Mitarbeitern ständig auf den Füßen zu stehen und diese zu kontrollieren. Es sei denn, Sie sehen Ihre Berufung darin, zu einer Nervensäge zu mutieren. Fast peinlich sind Auftritte von Vorgesetzten, die sich drei Minuten vor der Mittagspause vor die Abteilung hinstellen und wie Schießhunde darüber wachen, dass ja kein Mitarbeiter vorzeitig Mittag macht. Vergessen Sie bitte eines nie: Ihre Mitarbeiter hinterfragen selbstverständlich gerade Ihre Rolle im Unternehmen als Vorgesetzter! Sie wollen von Ihnen einen **Nutzen** geboten bekommen und dieser Nutzen kann sich nicht in einer Misstrauens- und Kontrollfunktion erschöpfen. Ist ein Nutzen nicht erkennbar, so stellt sich relativ schnell die Frage, wofür Sie eigentlich Ihr (hohes) Gehalt bekommen. Ohne erkennbaren Nutzen werden Sie nie ernsthaft akzeptiert werden.

Nun kommen wir zu einer spannenden Frage, die Sie sich ganz ehrlich beantworten sollten: Wofür im Unternehmen sind Sie eigentlich da? Für welche Gegenleistung erhalten Sie Ihr Gehalt? Und – ganz entscheidend – welchen Nutzen bieten Sie Ihren Mitarbeitern?

Machen Sie sich bitte die Mühe und zählen Sie auf; dies kann fachlicher, organisatorischer oder auch persönlich-menschlicher Nutzen sein.

....

....

....

....

....

....

....

....

....

Mit diesen Fragen geht es sicher ans „Eingemachte"! Wenn Sie Ihren Mitarbeitern ausreichend Nutzen bieten können, dann gratuliere ich Ihnen; Sie sind sicher ein wertgeschätzter Chef. Im anderen Fall sollten Sie Ihre Vorgesetztenrolle schnellstens überdenken und vor allen Dingen rasch überarbeiten. Ich will es hier noch einmal bekräftigen, weil es mir sehr wichtig ist: Permanente Kontrolle ist der Todfeind des Vertrauens! Damit dürfen Chefs Ihr Geld nicht verdienen; Mitarbeiter sind Menschen mit Selbstverantwortung, die keine Toilettenpapiermanager („wir verbrauchen zuviel Toilettenpapier") und Erbsenzähler oder Arbeitszeitwächter brauchen, geschweige denn Sklaventreiber oder den Typus Galeerenaufseher. Wer als Chef so seine Aufgabe definiert, der sollte sich besser zum Gefängniswärter umschulen lassen.

Kritiker an dieser Auffassung werden jetzt anführen, dass es in jedem Unternehmen und in jeder Verwaltung Menschen gibt, die ohne Kontrolle gerne Schlupflöcher suchen, bequeme Wege gehen und gerade das Nötigste arbeiten. Dies erfordere gerade eine intensive Kontrolle durch die Vorgesetzten. Richtig – hier kann ich durchaus zustimmen! Aber wenn sich eine Minderheit nicht an die Regeln hält, rechtfertigt dies nicht, dass alle Mitarbeiter über einen Kamm geschoren werden und deren Freiräume beseitigt werden.

David Packard, der Mitbegründer der Computerfirma Hewlett Packard schreibt in seinen Memoiren über seine Zeit bei General Electric in den dreißiger Jahren, wo Werkzeuge sowie Ersatzteile extra gut bewacht wurden, aus Furcht, die eigenen Mitarbeiter könnten diese stehlen: „Angesichts dieses offenen Misstrauens legten es viele Mitarbeiter darauf an zu zeigen, dass es berechtigt war – sie stahlen Werkzeuge und Ersatzteile, wann immer sie konnten." Welch ein katastrophales Ergebnis und – wie bereits gesagt – eine sich selbst erfüllende Prophezeiung! Wer solche Geister im Unternehmen durch Misstrauen heraufbeschwört, wird sie so schnell nicht wieder los. Es ist wie mit der Burg, die wir als Kinder im Sandkasten gebaut haben: Vertrauen zu schaffen dauert lange, zerstört ist es schnell. Und Sie wollen doch kein Zerstörer der Sandburg sein, oder?

VI.1 Stecken Sie das Spielfeld für ihre Mitarbeiter ab!

Wenn Sie möchten, dass sich Ihre Mitarbeiter optimal entfalten können, dann schaffen Sie ausreichend Freiräume. Mitarbeiter sollen ihre Talente ausleben können und bei ihrer Arbeit vom Vorgesetzten nicht behindert werden. Stecken Sie sinnvoller weise ein Spielfeld für Ihre Mitarbeiter ab, bleiben Sie wie ein Fußballtrainer während des Spiels am Spielfeldrand stehen und spielen Sie bitte nicht mit. Warum sollten Sie auch? Wenn Sie der bessere Fußballspieler wären, würden Sie selbst auf dem Spielfeld stehen – Sie sind es aber nicht. Ich will damit sagen, dass Sie eine andere Aufgabe haben und akzeptieren sollten, dass Ihre Mitarbeiter den Ihnen zugewiesenen Job besser machen als Sie selbst. Sonst wären Sie an deren Stelle. Ottmar Hitzfeld stand bei den Bayern auch nicht im Sturm, das können Luca Toni, Miro Klose und Lukas Podolski viel besser; dafür versteht der Coach vom Training und der Taktik mehr.

Viele Führungskräfte haben außerordentliche Schwierigkeiten Ihre bisherige Aufgabe konsequent loszulassen, wenn Sie eine Stufe höher in eine Führungsaufgabe rücken. Das mag zwar menschlich verständlich sein, weil man sich in der bisherigen Aufgabe sicher und wohl fühlte, andererseits ist es für das Unternehmen völlig kontraproduktiv, weil die neue Führungskraft nicht führt, sondern sich ständig in die alte Position reinmischt. Wer in einer solchen Konstellation nicht sofort loslassen kann, wird seiner neuen Aufgabe als Führungskraft nie gerecht werden.

VI.2 Großes oder kleines Spielfeld?

Die hohe Kunst der Führung besteht nun darin, für die Mitarbeiter individuell die richtige Größe des Spielfeldes abzustecken, sprich diese nach ihren Neigungen und Fähigkeiten optimal einzusetzen. Dies erfordert vom Manager, dass er sich intensiv und nachhaltig mit seinen Mitarbeitern beschäftigt, viel mit ihnen spricht, auf ihre Vorstellungen Rücksicht nimmt und ihre Wünsche „erfühlt“. Wer über emotionale Intelligenz verfügt, ist hier klar im Vorteil.

So unterschiedlich wie die Menschen sind, so vielfältig sind deren Vorstellungen über die Größe ihres persönlichen Spielfeldes. Es gibt Mitarbeiter, die wollen weniger Freiräume, viel Ansprache und Feedback durch den Chef und weniger Verantwortung – diese bevorzugen einen kleineren Spielfeldzuschnitt. Und es gibt Menschen, die nur dann aufblühen, wenn sie viel entscheiden können, weitestgehend eigenständig arbeiten und weniger Kontakt mit dem Vorgesetzten haben – deren Spielfeld sollte am besten riesengroß werden.

Die Spielfeldgröße unterliegt im Übrigen einem laufenden Anpassungsprozess; je nach Interessenlage und beispielsweise Fachkompetenz kann sie größer oder kleiner werden. Wichtig bleibt aber in jedem Fall, dass der Chef das Spielfeld nicht betritt; er ist der Dirigent des Orchesters, spielt aber selbst kein Instrument. Er bleibt der Coach an der Außenlinie, behält jedoch auf jeden Fall die Gesamt- und Ergebnisverantwortung.

„Als Trainer muss man sich an den Ergebnissen messen lassen“ – Thomas Doll, Ex-Trainer von Borussia Dortmund

Bei der richtigen Bemessung der Spielfeldgröße und damit der individuellen Freiräume geht es um das Prinzip „Fordern und Fördern“. Die Kunst besteht darin, die Mitarbeiter weder zu unterfordern noch zu überfordern, sondern optimal nach ihren Fähigkeiten einzusetzen. Im Idealfall wird der Mitarbeiter ständig weiter entwickelt, so dass sein Spielfeld im Laufe der Zeit eigentlich immer größer werden sollte.

„Wenn du eine Saite zu straff spannst, wird sie reißen, wenn du sie zu schlaff lässt, kannst du nicht darauf spielen." – Chinesische Weisheit

Als ich Hans, einen von mir hoch geschätzten Mitarbeiter, kennen lernte, stand er kurz davor, das Unternehmen zu verlassen. Sein früherer Chef, mein damaliger Vorgänger, hatte ihn sichtlich demotiviert, nur gegängelt, immer nur kritisiert – schlimmer noch: ihm gezeigt, dass er seine Arbeit in keinster Weise wert schätzte. Hans wirkte verunsichert, flüchtete in die innere Kündigung und erlitt einen Hörsturz. Ich arbeitete mit Hans und seinem Team – er war Chef einer kaufmännischen Abteilung – sehr eng zusammen, wir sprachen viel, stimmten die grobe Linie ab und dann ließ ich Hans bei der Gestaltung seiner Arbeit freien Lauf – Kontrollen jeglicher Art waren tabu. Ich sagte ihm immer wieder, wie ich seine Arbeit schätzte und steckte sein Spielfeld groß genug ab, weil ich spürte, dass er weite Freiräume brauchte. Es wuchs das gegenseitige Vertrauen und ich konnte mich immer auf ihn blind verlassen – er avancierte schon bald zu einem meiner Top-Leistungsträger. Hans forderte von mir mit klaren Vorstellungen seine Weiterentwicklung; ich schickte ihn auf Seminare und er konnte sich gezielt fortbilden. Wenn er fachliche Fragen oder Probleme hatte, war ich für ihn immer ansprechbar und half, soweit mir das möglich war. Passierten Fehler, war dies nie ein Problem, sie wurden besprochen und wir lernten daraus. Im Laufe der Zeit erweiterte Hans mehr und mehr seinen fachlichen Horizont, übernahm daraufhin bald die Leitung einer weiteren Abteilung und wurde später Finanzchef: Sein Spielfeld wurde bis heute riesengroß ausgedehnt. Es ist müßig zu erwähnen, dass er heute mit großer Freude arbeitet und im Übrigen weit mehr leistet, als von ihm erwartet wird.

VI.3 Stärken stärken, aber mit den Schwächen leben

Wie auf dem Fußballplatz ist es auch im Unternehmen wichtig, dass jeder Mitarbeiter dort eingesetzt wird, wo er seine Stärken hat. Gute Manager fördern gezielt die Stärken der Mitarbeiter und versuchen nicht, deren Schwächen auszumerzen. Dies kostet beide Seiten zu viel Schweiß und Energie und ist letzten Endes doch nur vergeudete Zeit.

> „Was aus einem krummen Holz geschnitzt ist, kann nie ganz gerade werden" – Immanuel Kant

Zu Beginn meiner Karriere als Führungskraft beging ich den Kardinalfehler, aus jedem Mitarbeiter einen optimalen und universell einsetzbaren Menschen machen zu wollen. So vertrat ich die irrige Meinung, dass jede Führungskraft im Unternehmen auch ihren Beitrag zum Vertrieb leisten sollte. Und so versuchte ich kaufmännische Leiter, die absolut keinerlei Vertriebstalent hatten, für einen Teil ihrer Arbeitszeit auch im Vertrieb einzusetzen. Welch fataler Irrtum! Abgesehen davon, dass ich selbst mit größten Anstrengungen immer nur mäßige Vertriebsmitarbeiter entwickeln konnte, frustrierte ich einen Teil der kaufmännischen Leiter – schlimmer noch, sie fühlten sich plötzlich völlig überfordert und auch ihr kaufmännisches Kerngeschäft begann aufgrund meines höchst überflüssigen Aktionismus zu leiden.

Ich habe daraus gelernt, dass es besser ist, die Stärken von Menschen noch stärker zu entwickeln und über zu betonen und die Schwächen – soweit tolerierbar – einfach zu akzeptieren. Ein Umwandeln einer Schwäche in eine vermeintliche Stärke kostet nur Blut, Schweiß und Tränen – übrigens auf beiden Seiten - und verspricht wenig Aussicht auf Erfolg. Warum dies so ist, möchte ich mit einem Beispiel aus dem Sport illustrieren. Wenn jemand nur 1,60 cm groß ist und er vielleicht über eine ungeheure Sprungkraft verfügt, wird er nie ein Weltklasse-Hochspringer werden; ein Training in dieser Richtung wäre aufgrund der körperlichen Veranlagung nicht Ziel führend. Die Körpergröße wäre jedoch verbunden mit der Sprungkraft ideal für einen Turner; an dieser Stelle und Stärke sollte dann der Hebel angesetzt werden. Und vergessen wir nicht: Es gibt keinen einzigen Menschen auf dieser Welt, der vollkommen ohne

Schwächen und Fehler wäre. Manager müssen lernen damit zu leben und so viel Geschick entwickeln, dass die Menschen in dem Bereich eingesetzt werden, in dem ihre Stärken liegen.

Erinnern wir uns beispielsweise an die Fußball-Europameisterschaft 2008 in Österreich und der Schweiz. Spanien wurde vor allem deshalb überlegen Europameister, weil sein Trainer Luis Aragones die Spieler eben das System spielen ließ, wie es ihrem Talent entsprach. Aragones bündelte die Kreativität seiner Mittelfeldstars Xavi, Iniesta, Silva und Senna zu einem Ideenkraftwerk mit vielen Freiheiten, garniert von einem schnellen Kurzpassspiel mit überfallartigen Positionswechseln. Die Spielfreude wurde vom Trainer nicht in einem starren taktischen Korsett erstickt. Hätte er versucht seiner Mannschaft die kreativen Freiräume zu nehmen, wäre Spanien wahrscheinlich sang- und klanglos untergegangen und den Henri-Delaunay-Pokal hätte wohl Michael Ballack in den Nachthimmel von Wien gehalten.

Brad Gilbert, die ehemalige Nummer vier der Tennis-Weltrangliste und später Trainer von Spielern wie Andre Agassi oder Andy Roddick sagte einmal zu seinem Coaching-Konzept, dass man sich als Trainer seinem Spieler anpassen müsse, gewissermaßen durch seine Augen sehen sollte. „Manche Trainer haben ihre Philosophie, die sie unterschiedslos jeden Spieler überstülpen. Das ist dumm. Du musst coachen, was die Spieler können, nicht das, was du willst. Ich habe kein System, keinen Stil. Meine Philosophie lautet lediglich: Verlieren ist Mist, gewinnen ist Spitze. "[25]

VI.4 Machen Sie sich ohnmächtig!

Für seine Mitarbeiter möglichst große Freiräume zu schaffen bedeutet aber in letzter Konsequenz auch, als Vorgesetzter Entscheidungskompetenzen und damit ein Stück Macht abzugeben. Es erfordert loszulassen, die eigene Bedeutung herunter zu schrauben, sich ohnmächtig zu machen, also **ohne Macht** zu sein. Die Grundvoraussetzung hierfür ist es, seinen Mitarbeitern zu vertrauen. Im Hinblick auf das Vertrauen reichen keine Lippenbekenntnisse aus, sondern den Worten müssen auch Taten folgen, damit es nicht wie bei Heinrich Heine heißt: „Worte, Worte, niemals Taten, viel Gemü-

25 Der Spiegel, 45/2004

se, niemals Braten!" Das Ziel einer guten Führungskraft, die sich ohnmächtig machen will, sollte es sein, den Mitarbeitern – wenn diese es wollen – mehr und mehr hochwertige Aufgaben und auch Entscheidungskompetenzen zu übertragen, um sich im Idealzustand „überflüssig" zu machen. Mit überflüssig ist gemeint, sich dann anderen Aufgaben zuwenden zu können. Eine gute Führungskraft entwickelt ihre Mitarbeiter weiter und lässt sie kontinuierlich wachsen.

In meinem letzten Unternehmen installierte ich ein Prämiensystem mit einer durchaus revolutionären Komponente: Während normalerweise die Prämienhöhe für jeden einzelnen Mitarbeiter vom Vorgesetzten oder der Personalabteilung festgelegt wird, machten wir uns in diesem Punkt ohnmächtig und stellten es den Teams frei, wie sie die errechnete Teamprämie auf die einzelnen Mitglieder des Teams verteilten. Nur in Streitfällen griff ein mit dem Betriebsrat paritätisch besetzter Prämienausschuss regulierend ein. Erstaunlicherweise musste dieser Ausschuss fast nie wegen dieser Verteilung tagen; die Teams nutzten den ihnen zugewiesenen Freiraum. Und es gab noch einen Nebeneffekt: Die Mitglieder der Teams diskutierten die Arbeit und den Anteil des Einzelnen am Gesamterfolg sehr intensiv. So konnte auf Dauer die Leistung der Teams nachhaltig gesteigert werden.

Einer meiner wertvollsten und tüchtigsten Mitarbeiter, der mir im Übrigen immer einen ehrlichen Spiegel vorhielt und den ich auch menschlich außerordentlich schätze, begann seine Tätigkeit bei mir als Assistent der Geschäftsführung vor vierzehn Jahren. Es gelang mir – auch weil er es wollte und über entsprechendes Talent verfügt – ihn konsequent weiter zu entwickeln. Heute ist er mein Nachfolger als Geschäftsführer eines Unternehmens mit über 400 Mitarbeitern. Das meine ich letztlich mit „überflüssig machen"!

VI.5 „Angst essen Seele auf"

Freiräume im Unternehmen können sich nur dann entwickeln, wenn die Mitarbeiter auch Fehler machen dürfen, ohne ständig Angst um den Arbeitsplatz haben zu müssen. Angst blockiert, Angst zerstört Motivation, Angst ist der Todfeind der Freiräume. Selbst wenn sie einem Mitarbeiter große Freiräume geben, ihn jedoch bei seiner Arbeit ständig die Angst vor Fehlern oder falschen

Entscheidungen begleitet, die Furcht vor ihrer Kritik oder den Konsequenzen, kann und wird er diese Freiräume nicht mit Leben erfüllen. Schlimmer noch: Er wird zunehmend unsicher werden und sich in eine Politik des „cover your ass" flüchten, die besonders in Unternehmen ohne eine vernünftige Fehlerkultur weit verbreitet ist. Eigenverantwortliche Mitarbeiter sind in solchen Organisationen eher selten, E-mail-Plagen (möglichst viele Kollegen und Vorgesetzte im Unternehmen ins cc setzen und damit bösgläubig machen) die Regel.

„In jeder Töpferei liegen auch Scherben" – aus Ägypten

Mit einer vernünftigen Fehlerkultur meine ich nicht, dass jeder nach Lust und Laune Fehler produzieren kann; sie bedeutet aber auch nicht, dass ein Klima der Null-Fehler-Toleranz im Unternehmen herrscht. Es geht darum, wie mit Fehlern oder falschen Entscheidungen im Unternehmen umgegangen wird.

„Wer handelt, macht sich auch schuldig!" – Senator Paul Brochier (1918 – 1999)

In der Vorbereitung auf die Fußball-Weltmeisterschaft in Deutschland war Jürgen Klinsmann klar, dass er sein ehrgeiziges Ziel – den Titelgewinn – nur dann würde erreichen können, wenn das DFB-Team seine Spielweise den starken Nationen angleichen würde: schnelles Passspiel nach vorne mit viel Risiko, Offensivfußball mit hoher Geschwindigkeit. Klinsmann ermunterte seine Spieler gerade in der Vorbereitung Fehler zu machen; wichtig erschien ihm nur, dass jeder Einzelne mutig Risiken einging. Dabei wies er von Anfang an darauf hin, dass die Mannschaft Fehler machen würde und Rückschläge hinnehmen müsse. Klinsmann stellte sich bei Fehlern stets vor die Spieler und baute diese gezielt auf. Auch nach einer 1:4-Niederlage in Italien im WM-Jahr ließ er sich trotz vernichtender Kritik der Öffentlichkeit mit der Mannschaft nicht vom Weg abbringen. Der Erfolg gab ihm Recht.

Ich habe diese Parallele zum Sport deshalb gezogen, weil sie zeigt, dass sich ohne Risiko und die damit verbundene Fehlerwahrscheinlichkeit Neues nicht entwickeln kann. Entscheidend bleibt, wie im Unternehmen mit den Fehlern umgegangen wird. Sinnvoll ist eine sachliche Analyse der Probleme, um ähnliche Fehler in Zukunft nicht erneut zu begehen; persönliche Anschuldigungen oder an den Pranger stellen wäre eine Todsünde des Vorgesetzten, die den Mitarbeitern nicht nur den Mut raubt, sondern auch deren Selbstwert.

„Das ist das Schöne an einem Fehler: man muss ihn nicht zweimal machen" – Thomas Alva Edison (1847 – 1931)

Ich habe aus meinen Fehlern immer am meisten gelernt und deshalb begreife ich Fehler – eigene und fremde - grundsätzlich als Chance für Verbesserungen. Und im Übrigen: Ein Chef, der sich bei Fehlern schützend vor seine Mitarbeiter stellt, baut viel an Vertrauen auf – es gilt generell der Grundsatz: „Erfolge gehören immer den Mitarbeitern, Fehler sind immer die Fehler des Chefs!"

„Einen Sieg kann man verschenken, eine Niederlage muss man immer selber einstecken" – Claudia Doren (1931 – 1987), deutsche Fernsehansagerin

Wer lebendige und bewegliche Unternehmen oder Organisationen will, der muss seinen Mitarbeitern Fehler ohne persönliche Sanktionen ermöglichen. Denken Sie an Jürgen Klinsmann und die Deutsche Nationalmannschaft. Es sollte bei Fehlern niemals die Schuldfrage gestellt werden, sondern es reicht aus, wenn Rückgrat gezeigt und Verantwortung übernommen wird. Und vergessen wir nie: Menschen verdienen immer eine zweite, dritte und, wenn's sein muss, auch eine vierte Chance!

„Die Vermeidung von Fehlern beginnt mit der Anerkennung von gemachten Fehlern" – Werner Schwanfelder[26]

Der buddhistische Mönch Ajahn Brahm errichtete in seinem Kloster eine Backsteinmauer. Als er fertig war, entdeckte er, dass alle Steine ordentlich zusammengesetzt waren bis auf zwei, die völlig schief in der Mauer saßen. Brahm fragte seinen Abt, ob er die Mauer niederreißen und noch einmal neu anfangen dürfe. „Nein", erwiderte der Abt, „die Mauer bleibt so stehen, wie sie ist!" Immer wenn Brahm Besucher durch das Kloster führte, vermied er es stets, mit Ihnen an dieser Mauer vorbeizugehen. Er hasste den Gedanken, dass jemand sein „Stümperwerk" sehen könnte. Irgendwann ging er mit einem Besucher über das Gelände, dessen Blick auf seine „Schandmauer" fiel. „Das ist aber eine schöne Mauer", sagte der Gast. „Fallen Ihnen denn die zwei schief eingesetzten Backsteine nicht auf, die die ganze Mauer verschandeln", entgegnete der Mönch. Die nächsten Worte des Gastes sollten seine Einstellung zur Mauer, zu sich selbst und zu vielen Aspekten des Lebens verändern. „Ja", sagte er. „Ich sehe die beiden mangelhaft ausgerichteten Backsteine. Aber ich sehe auch 998 gut eingesetzte Steine."[27]

Ich konnte in meinem Berufsleben viele Menschen (Vorgesetzte und Mitarbeiter) kennen lernen, die Entscheidungen unnötig lange hinauszögerten und manchmal auch gar nicht entschieden, weil sie Angst hatten, Fehler zu machen. Und damit begingen sie ihren größten Fehler: Sie handelten nicht oder zu spät und verloren so in jedem Fall. Es ist meines Erachtens immer noch besser zu handeln und durchaus Fehler in Kauf zu nehmen, als eine absolute Fehlerlosigkeit anzustreben. Dieser Anspruch wäre ohnehin wenig realistisch. Wie sagt der Volksmund: „Wo gehobelt wird, da fallen auch Späne!" Es wäre ohnehin eine Illusion, dass es absolut fehlerfreie Menschen gibt – solche Mitarbeiter wären **perfekt** und mit ihrer Perfektion ihrer Umgebung schon fast unheimlich. Menschen können hingegen **vollkommen** sein, was ein gewaltiger Unterschied zur Perfektion ist, weil die Vollkommenheit immer auch die Schattenseite des Individuums mit einbezieht. So wie zu „gut" immer auch

26 Schwanfelder, W., Sun Tzu für Manager, Die 13 ewigen Gebote der Strategie, S. 95, Campus-Verlag

27 Brahm, A., Die Kuh, die weinte, Lotos-Verlag, 2007

„böse“ und zu „Freude“ „Trauer“ als Komplementär passt, gehören zu jedem Menschen auch Fehler. Es geht also im Regelfall nicht um Fehlerlosigkeit, sondern um möglichst gründliches Arbeiten.

Nur der Vollständigkeit halber: Selbstverständlich gibt es Berufe, bei denen Fehler absolut nicht tolerierbar sind, immer dann, wenn es um Leben oder um die Gesundheit geht. In einem Operationssaal kann es ebenso keine Fehlertoleranz geben wie im Cockpit eines Piloten, der ein Passagierflugzeug fliegt.

VI.6 Individualitätskiller QM-Systeme

Wenngleich der eigentliche Grundgedanke von Qualitätsmanagementsystemen durchaus sinnvoll ist, musste ich in der Praxis des Öfteren bedauerlicherweise feststellen, dass diese häufig zu zahnlosen Papiertigern entarten, die mit dicken Ordnern und vielen Beschreibungen und Formularen jegliche Individualität im Unternehmen erdrücken und ersticken. Schlimmer noch: Meist werden QM-Systeme erst gar nicht mit Leben erfüllt, still ruht der See und nach der Zertifizierung schlummert das geduldige Papier wieder in den Schränken, um kurz vor der Rezertifizierung wieder entstaubt zu werden. In vielen Unternehmen geht es leider nur darum, die Zertifizierungsurkunde als Feigenblatt verliehen zu bekommen, um dann mit viel Tamtam in der Presse der Öffentlichkeit eine besondere Form von Qualität vorzugaukeln. Oder Unternehmen lassen sich zertifizieren, weil ein wichtiger Kunde dies von ihnen verlangt.

In der Tat geht es häufig um eine Scheinqualität. Wenn beispielsweise in einer Klinik die Mortalitätsrate bei einer Herzoparation deutlich schlechter als der Durchschnitt ist und dies in den eigenen Beschreibungen der Klinik auch so dokumentiert wird, dann steht dies der Verleihung des Zertifikats „Qualitätsmanagement“ nicht entgegen – welch ein Bluff, welch eine Entwertung des Begriffs Qualität!

Ganze Abteilungen und interne Auditoren beschäftigen sich in großen Unternehmen mit dieser Thematik, schreiben und überarbeiten Verfahrensanweisungen und Richtlinien en masse, die dann von den Mitarbeitern oftmals nicht gelebt werden. Der Kundennutzen erschließt sich mit diesem Aktionismus häufig nicht: Mir kommt das manchmal wie eine gigantische Selbstbefriedigungsshow der Unternehmen vor.

Um nicht missverstanden zu werden: Selbstverständlich braucht ein Unternehmen Regeln, die auch dokumentiert werden müssen. Aber die Aufstellung dieser Regeln sollte immer mit Blick auf den Kundennutzen erfolgen, zum Beispiel „wie verbessere ich meine Servicequalität?" Ich werde in einem späteren Kapitel hierauf noch näher eingehen. Und generell sollte der Grundsatz gelten: So wenig Regeln und Vorschriften wie nötig, so viel Freiräume wie möglich. Falsch verstandene QM-Systeme sind die Feinde der Kreativität. Jede Regel und jede Vorschrift sind immer nur dann sinnvoll, wenn sie jedem im Unternehmen bekannt sind und von allen auch gelebt werden. Aber alle Regeln sollten den Mitarbeitern auch die nötigen Freiräume zum atmen lassen. Sonst degenerieren wir zu einer leblosen Organisation, die sich von Vorschriften terrorisieren lässt.

Schaffen Sie Freiräume für Ihre Mitarbeiter:

- **Geben Sie Ihnen Gelegenheit, das zu tun, was sie am besten können (Stärken stärken)**
- **Unterstützen Sie Ihre Mitarbeiter in Ihrer Entwicklung**
- **Machen Sie sich ohnmächtig**
- **Führen Sie in Ihrem Unternehmen eine vernünftige Fehlerkultur ein**
- **Schlüpfen Sie bitte nicht in die Rolle des Kontrolleurs**

VI.7 Die höchste Form der Ohnmacht: Gründen Sie eine Kreativgruppe

Als ich vor einigen Jahren eine Sanierungsaufgabe bei einer Körperschaft des öffentlichen Rechts (60 Mio € Umsatz, 800 Mitarbeiter) übernahm, war mir sehr schnell klar, dass ich – damit die Sanierung ein Erfolg würde – rasch die Unternehmenskultur ändern musste. Die Gehorsams- und Verwaltungsmentalität des öffentlichen Dienstes musste in Freiräume und vor allen Dingen wirtschaftliches Denken umgewandelt werden.

Vor diesem Hintergrund wählte ich aus dem Unternehmen 20 Mitarbeiterinnen und Mitarbeiter aus, die folgende Gemeinsamkeiten hatten:

- keinerlei Führungsverantwortung
- neugierige Querdenker
- Mut zur Veränderung
- Teamfähigkeit

Ferner sollte diese Gruppe in etwa einen Querschnitt des Unternehmens darstellen: Alle Bereiche waren vertreten, ebenso die Verwaltung, sowie – ganz wichtig – auch ein Vertreter des Personalrats. Hierarchien spielten von Anfang an keine Rolle! Der entscheidende Erfolgsfaktor war die Sorgfältigkeit der Auswahl - die Gruppe musste menschlich harmonieren. Vorab war es meine ureigenste Aufgabe, mit möglichst vielen Menschen im Unternehmen zu sprechen, um mir einen persönlichen Eindruck zu verschaffen.

Ich nannte diesen bunten „Mitarbeitercocktail" DIE KREATIVEN und lud die Gruppe ohne eine Tagesordnung für ein Wochenende an den Starnberger See ein. Sie können sich vorstellen, wie groß die Spannung bei den Teilnehmern war. Noch größer entwickelte sich jedoch die Neugierde bei denjenigen, die keine Einladung zum Kreativenkreis erhalten hatten. Das Experiment hatte seine Wirkung nicht verfehlt! Der Virus der Veränderung – hoch ansteckend und sich rasch verbreitend – war im Unternehmen erst einmal platziert.

Das Starnberger Wochenende begann mit einem Committment meinerseits: Ich verpflichtete mich, alles umzusetzen – und zwar bedingungslos – was die KREATIVEN an diesem Wochenende erfinden oder entwickeln sollten. Die Kernaufgabe an diesem Wochenende lautete: „Erfinden Sie unser Unternehmen neu!" Grenzen, Tabus oder Vorbehalte gab es keine. Nur ungeheure Freiräume und viel Vertrauensvorschuss für die Mitglieder dieser Gruppe. Und genau darin, in diesem Vertrauen, aber auch in der gewährten Handlungsfreiheit lag die Erfolgsgarantie für dieses Experiment. Die Mitarbeiter spürten, dass sie ernst genommen wurden und die Geschäftsführung an ihren Ideen interessiert war. Für sie wurde es im Laufe des Wochenendes zu einer Frage der Ehre bei so viel Vorschußlorbeeren etwas zurückzugeben.

Was sie zurückgaben, hatte bei weitem meine Erwartungen übertroffen: Die KREATIVEN entwickelten an diesem Wochenende ein Grobkonzept für zwei völlig neue Geschäftsfelder für unser Unternehmen. Und wie es vereinbart worden war, wurden diese Geschäftsideen auch unmittelbar danach umgesetzt – das Unternehmen verdient heute damit Geld! Der Flaschengeist der Mitarbeiter konnte entfesselt werden.

Dennoch wurden die KREATIVEN und im Übrigen auch die Geschäftsführung aufgrund dieses ungewöhnlichen Projekts argwöhnisch beäugt. Schon die Rückkehr aus Starnberg glich einem Spießrutenlauf für die Gruppe. Die Präsentation ihrer Ideen vor dem Firmenrestaurant fand erst einmal negative Resonanz – besonders bei den Veränderungsscheuen; „Kinderkram" erwies sich als die noch harmloseste Form der Beschimpfung und Diskriminierungsversuche.

Wohlwollend registrierte ich wie die KREATIVEN engagiert und auch nachhaltig für ihre Ideen kämpften. Und dabei viele Sympathien im Hause gewannen. Ich hatte die richtigen Leute, jene mit Rückgrat und Durchhaltevermögen ausgewählt. Ihr unermüdlicher Einsatz stellte einen wichtigen Baustein zur Änderung der Unternehmenskultur dar. Beharrlich traten sie für ihre Ideen und für ihre Vision von einem „anderen und besseren Unternehmen" ein. So entwickelten sie sich nach und nach zu richtigen „Kollegenfischern".

Wesentlich für den Erfolg des Kreativenprojekts war die Tatsache, dass sich die Gruppe selbst und ohne Beeinflussung durch die Geschäftsleitung oder andere Führungskräfte steuern konnte. Die Existenz der Kreativen wurde in keinem Organigramm verankert; sie unterlagen weder Weisungen noch konkreter Erfolgskontrolle. Ich stellte ihnen das Unternehmen als riesige Spielwiese zur Verfügung – man könnte akzentuierter sagen, dass die Gruppe ganz einfach Narrenfreiheit besaß. Grenzenlose Narrenfreiheit!

Die Kreativen ernannten aus ihrem Kreis ständig wechselnde so genannte Treiber, die einerseits Impulsgeber, andererseits auch für die Umsetzung der Ideen zuständig waren. Eine Litfasssäule im Foyer des Unternehmens informierte nachhaltig und anschaulich über die Projekte der Kreativgruppe.

Es schien, als ob ich am Starnberger See einen Virus der Veränderung, aber auch der Begeisterung in das Unternehmen getragen hatte. Und dieser Virus war hoch ansteckend und verbreitete sich – dank der Kreativgruppe – rasch.

> Tragen auch Sie in Ihr Unternehmen den hoch ansteckenden Virus der Begeisterung!

Die Kreativgruppe kann bis heute völlig frei ohne Intervention seitens der Geschäftsgruppe agieren; sie legt eigenständig fest, welche neuen Mitglieder aus dem Mitarbeiterkreis sie aufnimmt und wer als Sprecher der Gruppe fungiert. Für einen Vorgesetzten bedeutet dies radikal loszulassen – die höchste Form der Ohnmacht, der größtmögliche Freiraum für die Mitarbeiter. Dennoch war es wichtig, sowohl für die Motivation der Gruppe als auch für deren Bedeutung im Unternehmen, dass immer ein kurzer Draht zur Geschäftsführung bestand und diese ihre volle Unterstützung auch immer wieder zeigte und erneuerte. So war es für mich immer eine besondere Freude, mich jedes Jahr mit der Gruppe zu einem Kreativwochenende zu treffen. Bei einem dieser Treffen sollte dann eine Idee geboren werden, die unserem Vorhaben, die Unternehmenskultur zu ändern, weitere Schubkraft verleihen sollte.

Gute Ideen entstehen meist in einem spielerischen Rahmen. Aus der Aufgabe, gemeinsam eine so genannte Feuerskulptur zu bauen, entwickelte sich ein „Gütesiegel" für diejenigen Mitarbeiter, die sich besonders um die Unternehmenskultur verdient machen sollten. Eine Feuerskulptur wird aus leicht brennbaren Naturmaterialien (Holz, Leinensäcke, Stroh etc.) gebaut und bei Nachteinbruch angezündet; die Kreativgruppe dokumentierte das Spektakel filmisch. Sinn dieser Aktion war einerseits die Förderung der Kreativität und des Spielerischen, andererseits die Verbesserung von Teamfähigkeit und Organisation: Die Teilnehmer mussten sich sämtliche Materialien eigenständig in der Natur oder beispielsweise bei Landwirten in der Umgebung besorgen. Die Gruppe entschied sich zum Bau einer Riesenkrake, die später zum Symbol für Mitarbeiter werden sollte, die sich über ihre eigentliche Arbeit hinaus ganz besonders für ein gutes Klima im Unternehmen engagierten. Diese Mitarbeiter wurden mit der „Krake" ausgezeichnet (und zwar nicht von der Unternehmensleitung, sondern von der Kreativgruppe), wobei die Krakenplakette jeweils an die Tür der entsprechenden Mitarbeiter geklebt wurde. So wurde für alle Beschäftigten sichtbar, wer sich um das Betriebsklima in besonderer Weise verdient gemacht hat. Das Bild der Krake war von der Gruppe ganz bewusst gewählt worden: Die Krake, freundlich lächelnd, mit ihren vielen Armen sollte möglichst viele Kollegen liebevoll in ihre Arme nehmen – und da wären halt zwei Arme viel zu wenig.

Das folgende Bild zeigt Mitarbeiter der Kreativgruppe beim Bau der Feuerskulptur:

Das Modell der Kreativgruppe hat mir eindrucksvoll vor Augen geführt, zu welchen Ideen und auch Leistungen Mitarbeiter fähig sind, wenn sie den nötigen Freiraum und die Rückendeckung der Vorgesetzten erhalten. Chefs sind nicht dazu da, den Mitarbeitern ständig auf den Füßen zu stehen, sondern diese zu unterstützen und weiter zu entwickeln. Nur so kann Arbeitsfreude bei den Beschäftigten entstehen.

„Geben Sie Ihren Mitarbeitern Arbeit, bei der sie ihre Fähigkeiten voll ausschöpfen müssen. Geben Sie Ihnen alle notwendigen Informationen. Erläutern Sie ihnen klipp und klar, was es zu erreichen gilt. Und dann **– lassen Sie sie in Ruhe**" – Robert Waterman (*1936), amerikanischer Unternehmensberater

Eine sehr schöne Vorstellung ist es, wenn der Chef für seine Mitarbeiter quasi als Steckdose fungiert: Je nach Bedarf können sich die Mitarbeiter hier anschließen und wieder aufladen, der Chef soll motivieren und Energie geben.

VII INFORMIEREN UND KOMMUNIZIEREN SIE!

„Dass wir miteinander reden können, macht uns zu Menschen" – Karl Jaspers (1883 – 1969)

Kommen wir nun zum dritten wichtigen Standbein der Mitarbeitermotivation: der Ziel gerichteten Information und der Kommunikation. Eines schon einmal vorweg: Wer unfähig ist, mit seinen Mitarbeitern zu sprechen, wer sich in seinem Elfenbeinturm der Macht nur verschanzt und sich so unangreifbar machen will, der hat in der Chefetage und in einer Position als Vorgesetzter nichts, aber auch gar nichts zu suchen. Die Fähigkeiten „Information und Kommunikation" gehören zum unverzichtbaren Grundrüstzeug eines Managers. Wie schon zu Beginn dieses Buches beschrieben, brauchen wir, um die Menschen emotional zu berühren, unsere Sprache, damit wir das Prinzip der offenen Schleifen nutzen können und so mit anderen Menschen in Beziehung treten können. Außerdem – wie sollen unsere Mitarbeiter erfahren, was von ihnen konkret erwartet wird, wenn der Vorgesetzte die Zähne nicht auseinander bringt?

VII.1 Der Trick des Fußballtrainers

Vor einigen Jahren drehte sich bei einem Verein in der ersten Bundesliga wieder das Trainerkarussell. Von einem Reporter zum neuen Trainer befragt, äußerte sich ein Spieler sinngemäß wie folgt: „Ich glaube, dass dieser Trainer sehr gut ist. Er hat im Gegensatz zu seinem Vorgänger zu Beginn seiner Tätigkeit gleich mit allen geredet."

„Ottmar Hitzfeld hat in der Vorbereitung bereits mehr mit mir geredet als Felix Magath während der ganzen letzten Saison" – Lukas Podolski vom FC Bayern München, 2007

Darüber lohnt es sich jetzt für einen Moment nachzudenken!

> „Gedacht heißt nicht immer gesagt, / gesagt heißt nicht immer richtig gehört, / gehört heißt nicht immer richtig verstanden, / verstanden heißt nicht immer einverstanden, / einverstanden heißt nicht immer angewendet, / angewendet heißt noch lange nicht beibehalten" – Konrad Lorenz (1903 – 1989), österreichischer Verhaltensforscher

Wenn wir uns mit Information und Kommunikation beschäftigen, sollten wir uns im Klaren darüber sein, dass unsere Sprache mit ihren Wörtern keinesfalls präzise ist. Jedes Wort ist auslegungsbedürftig, hängt von den persönlichen Erfahrungen, aber auch Wertmaßstäben des Einzelnen ab. Ich will dazu ein Beispiel geben: An einem Novembermorgen fragt eine Frau ihren Mann, ob es draußen kalt sei, als dieser die Zeitung hereinholt. Der Mann verneint und als die Frau später das Haus verlässt, stellt sie fest, dass es kalt ist. Eben nach ihren ganz persönlichen Empfindungen. Beide haben Recht – kalt ist eben nicht gleich kalt. Das Wort „kalt" ist in seiner Aussage genau so wenig eindeutig wie „Toleranz" oder „Risiko" oder „Chance" usw. Wir senden eine Botschaft, von der wir glauben, dass sie klar und unverwechselbar ist und vom Empfänger genau so verstanden wird, was leider ein elementarer Irrtum ist. Der Empfänger dechiffriert unsere Botschaft – aber eben mit seinem ganz persönlichen Decodiergerät, das wiederum nach seinen Erfahrungen, Gefühlen und seiner augenblicklichen Stimmung eingestellt ist. Und so kann der gesprochene Satz beim Empfänger etwas völlig anderes auslösen als es der Sender wollte. Landläufig heißt es dann, der Gesprächspartner habe nicht zugehört oder er versteht mich nicht. „Verstehen ist abhängig von der Qualität der Beziehung. Wo Sympathie und Ernstnehmen fehlen, wo die Aversion und die Objektbeziehung vorherrschen, ist kaum die Neigung vorhanden, das vorgeschlagene Informationsangebot in sich selbst zu erzeugen, überhaupt an sich herankommen zu lassen."[28]

Zur Verdeutlichung dieses Mankos unserer Sprache denken Sie bitte nur an das „Stille-Post-Spiel", bei dem ein Satz einem anderen ins Ohr geflüstert wird, den dieser an seinen Nachbarn ebenfalls leise

28 Sprenger, R., Das Prinzip Selbstverantwortung, Campus, 1995, S. 123

weitergibt usw. Nach bereits wenigen Teilnehmern der Runde ist der Ursprungssatz meist völlig entstellt und statt der Urbotschaft kommt am Ende etwas ganz anderes heraus: Gehört ist eben nicht verstanden!

Nun werden Sie sich möglicherweise fragen, wie dieser Missstand beseitigt werden kann. Die ernüchternde Antwort: Es ist nahezu unmöglich, weil unsere Sprache eben ungenau und unpräzise und auslegungsbedürftig ist. Die Juristen können ein Lied davon singen! Nur noch ein Beispiel zum Schluss: In § 8 der Abgabenordnung findet sich der Wohnungsbegriff wieder. Was ist nun eigentlich eine Wohnung? Ist doch klar, was eine Wohnung ist, werden Sie sagen. Hätte demnach Diogenes, der ja bekanntlich in einer Tonne hauste, eine Wohnung?

Mir war dieser Exkurs vor allem aus einem Grund wichtig: Rufen wir uns immer wieder die Tatsache ins Bewusstsein, dass unsere Sprache ungenau ist und Botschaften völlig anders (nicht falsch!) verstanden werden können. Deshalb ist es hilfreich immer wieder nachzufragen, wie unsere Gesprächspartner die Botschaft verstanden haben. Und selbst was das geschriebene Wort anbelangt: Ich bin mir der Tatsache bewusst, dass mancher Leser Passagen dieses Buches anders interpretiert wie ich es beabsichtigt habe. Gerade auch deshalb möchte ich mit Ihnen, liebe Leserinnen und Leser, in eine Diskussion eintreten.

> „Es gibt keine größere Illusion als die Meinung, Sprache sei ein Mittel der Kommunikation zwischen Menschen" – Elias Canetti (1905 – 1994), Schriftsteller

VII.2 Nein zum Kasper-Hauser-Syndrom

1828 wurde in Nürnberg ein – auch sprachlich – verwahrloster Junge aufgegriffen. Mühsam gelang es sein Geburtsdatum herauszufinden: 30.4.1812. Sein Name: Kaspar Hauser – ein Findelkind ungeklärter Herkunft. Geheimnisvoll bleibt seine Geschichte, rätselhaft sein Tod 1833 im Hofgarten zu Ansbach, wo er einem Attentat zum Opfer fiel. War er nun ein badischer Erbprinz oder nicht?

Gesichert ist, dass der kleine Kaspar Hauser jahrelang in einem Kerker in Schloss Pilsach bei Neumarkt eingesperrt war – ohne Ansprache und ohne menschliche Wärme und Zuneigung. Seither kennt man das Kaspar-Hauser-Syndrom, wenn Babys oder Kinder lange Zeit ohne persönlichen Kontakt und ohne liebevolle Zuwendung oder Nestwärme aufwachsen und keinerlei Impulse oder Anregungen erhalten.

Der Fall Kaspar Hauser kann durchaus auf unsere Unternehmen übertragen werden. Wenn Führungskräfte mit ihren Mitarbeitern nicht reden, ihnen keine ausreichende Zuwendung geben, dann „verwahrlost" die Unternehmenskultur. Dann fühlen sich die Mitarbeiter allein gelassen. Ich will es hier noch einmal ganz deutlich sagen: Wer nicht willens oder in der Lage ist, zu kommunizieren, der hat als Führungskraft in einem Unternehmen nichts, aber auch gar nichts, verloren!

Deshalb: Sagen Sie NEIN zum Kaspar-Hauser-Syndrom in unseren Unternehmen! Verabschieden Sie sich von der Kerker-Mentalität!

Wie aber kommuniziert man als Führungskraft nun wirksam? Wirksam bedeutet für mich in diesem Zusammenhang Ziel gerichtet, das heißt, der Mitarbeiter muss wissen, was bei der Arbeit konkret von ihm erwartet wird und welchen persönlichen Beitrag er zum großen Ganzen, der Vision und Strategie des Unternehmens leisten kann. Hierzu benötigt er selbstverständlich alle erforderlichen Informationen über dieses große Ganze. Wie bereits ausgeführt, empfehle ich Vision und Strategie jedem Mitarbeiter schriftlich an die Hand zu geben, am besten persönlich, und insoweit keine Geheimniskrämerei zu betreiben, weil dies nur der Nährboden für Misstrauen, Gerüchte und Spekulationen wäre. Ich kann auch nur dazu raten, die Personalvertretung so früh wie möglich mit einzubinden.

Dies gilt besonders dann, wenn im Unternehmen Sanierungsmaßnahmen einzuleiten sind. Diese stellen gerade für die Mitarbeiter ein Höchstmaß an Belastung dar: Zu den Sorgen um Zukunft und Arbeitsplatz gesellen sich massive Unsicherheiten – die Gerüchteküche kocht und brodelt! Gerade in so einer Situation ist es für den Erfolg einer Sanierung entscheidend, dass das Management die Karten so früh wie möglich auf den Tisch legt und den Mitarbeitern reinen Wein einschenkt. Alle müssen wissen, woran sie sind! Ich habe bei den von mir durchgeführten Sanierungen immer sehr gute Erfahrungen damit gemacht, dass ich Personal- bzw. Betriebsräte in das oberste Entscheidungsgremium zur Umsetzung der Sanierungsmaßnahmen mit aufgenommen habe. So waren stets Informationsfluss und Einbindung gewährleistet.

Darüber hinaus ist es erforderlich, dass die Mitarbeiter laufend über den Fortschritt der Sanierungsmassnahmen oder auch den Zielerreichungsgrad informiert werden. Dies kann schriftlich im Intranet oder auch mündlich in Betriebsversammlungen erfolgen; wichtig ist dabei, dass sowohl Erfolge als auch Rückschläge absolut ehrlich offen gelegt werden. Ehrlichkeit den Mitarbeitern gegenüber hat dem Sanierungserfolg noch nie geschadet, auch wenn Fehler oder eben Rückschläge eingestanden werden mussten.

Seien Sie bitte zu Ihren Mitarbeitern gnadenlos ehrlich, auch wenn es manchmal unangenehm sein mag! Nur auf diesem Nährboden kann sich das zarte Pflänzchen Vertrauen entwickeln.

Die eingangs gestellte Frage, wie man wirksam im Unternehmen kommuniziert, möchte ich nun ganz einfach beantworten: Mit den Mitarbeitern reden, reden, reden! Und vor allen Dingen aufmerksam zuhören und immer wieder nachfragen. Und eben genau das geschieht in den meisten deutschen Unternehmen nicht, wie eine Studie der europäischen Jobbörse StepStone belegt, bei der mehr als 9000 Jobsuchende in acht europäischen Ländern befragt wurden. Danach funktioniert in mehr als der Hälfte der Unternehmen die Kommunikation mit der Führungsetage nicht. Nur in 31 Prozent der deutschen Firmen setzen sich die Vorgesetzten mit ihren Mitarbeitern mindestens ein bis zwei Mal im Jahr für ein Gespräch über Zielvorgaben und Feedback an den Tisch. In weiteren 18 Prozent der Unternehmen finden solche Gespräche nur sehr selten und in unregelmäßigen Abständen statt. Kaspar Hauser lässt grüßen! Besser schneiden hier die skandinavischen Länder ab, in denen regelmäßige Mitarbeitergespräche längst Standard sind.

VII.3 Jeden Tag ist Mitarbeitergespräch

Ich möchte jedoch noch einen entscheidenden Schritt weiter gehen. Wenn ich hier fordere, dass jeden Tag Mitarbeitergespräche stattfinden sollten und ich gleichzeitig die Abschaffung des (formalisierten) Mitarbeitergesprächs anrege, dann werden Sie hier möglicherweise einen Widerspruch für sich reklamieren. In Unternehmen, in denen die Chefs ständig mit ihren Mitarbeitern in Kontakt sind und regelmäßig mit ihnen kommunizieren, werden auftretende Probleme sofort besprochen und einer Lösung zugeführt, die Mitarbeiter erfahren stets, woran sie sind und was von ihnen erwartet wird, es werden Entwicklungsmöglichkeiten aufgezeigt und auftretende Reibungspunkte sofort beseitigt. Der Chef hat so sein Ohr am Puls seiner Mitarbeiter und diese rücken näher an ihn heran – nur so kann Vertrauen auch wachsen. Dieser ständige Austausch ist einfach auch deshalb notwendig, damit die Größe des Spielfeldes individuell auf den Mitarbeiter angepasst werden kann.

Wer diesen ständigen Dialog lebt, der wird im (formalisierten) Mitarbeitergespräch feststellen, dass es nicht mehr viel zu besprechen gibt – das Mitarbeitergespräch ist sozusagen entbehrlich geworden: Das regelmäßige Mitarbeitergespräch schafft automatisch das formalisierte Mitarbeitergespräch ab. Ich vertrete ohnehin die Auffassung, dass „angeordnete" und formalisierte Mitarbeitergespräche mit Leitfäden der Personalabteilung nur eine Prothesenfunktion haben: Sie sind eine Krücke für die Vorgesetzten, die nicht nahe genug an ihren Mitarbeitern sind! So wird mit der Beruhigungspille Mitarbeitergespräch im Unternehmen die Illusion am Leben erhalten, dass Vorgesetzte und Mitarbeiter ja in einem fruchtbaren Dialog stehen. Nicht selten degeneriert dann dieses verordnete Gespräch von fruchtbar zu furchtbar – insbesondere dann, wenn die Vorgesetzten keinerlei Einfühlungsvermögen besitzen. Wer generell nicht mit seinen Mitarbeitern wirksam kommunizieren kann, der kann dies erst recht nicht in einem Mitarbeitergespräch; insoweit erachte ich dieses als überflüssig. Ein Freund, der Geschäftsführer in einem Konzernunternehmen ist, erzählte mir kürzlich, dass der für ihn zuständige Vorstand im Monat maximal eine halbe Stunde für ihn Zeit hätte. Ich brauche hier nicht weiter auszuführen, was mein Freund von diesem Vorgesetzten hält.

Schaffen Sie das „formelle" Mitarbeitergespräch ab!
Jeden Tag sollte für Sie Mitarbeitergespräch sein! Wer sich keine Zeit für seine Mitarbeiter nimmt, ist als Vorgesetzter ungeeignet.

Noch etwas: Wenn Sie mit Ihren Mitarbeitern sprechen, dann seien Sie bitte mit „Haut und Haaren" bei Ihnen. Ich meine damit, dass den Mitarbeitern dann die volle Aufmerksamkeit gebührt; es gilt das „hier und jetzt" ohne Störung oder telefonische Ablenkung. Dies ist auch ein Zeichen von Wertschätzung Ihren Mitarbeitern gegenüber. Störungen kann man leicht durch einen Ortswechsel ausweichen: Gehen Sie mit Ihren Mitarbeitern während des Gesprächs in den Garten oder einfach mal spazieren – eine andere Umgebung kann sehr inspirierend sein und neue Sichtweisen ermöglichen. Machen Sie so aus einer Sitzung eine „Gehung"!

VII.4 Rama dama

Im Gespräch mit Ihren Mitarbeitern sollte mindestens einmal jährlich „Rama dama" stattfinden. Rama dama ist bayerisch und bedeutet wortgetreu übersetzt soviel wie „Räumen tun wir"; es ist ferner der Titel eines Films von Joseph Vilsmaier über die Trümmerfrauen nach dem zweiten Weltkrieg. Aufräumen, Ordnung schaffen, entmüllen – dies ist gerade bei Führungskräften eine ständige Herausforderung. Besonders das Tagesgeschäft überrollt Führungskräfte häufig schleichend, hüllt sie wie in einen Kokon ein, so dass sich diese lange nicht bewusst sind, dass sie sich längst von ihren ureigensten Kernaufgaben meilenweit entfernt haben. Deshalb ist es notwendig, dass jede Führungskraft von Zeit zu Zeit eine ehrliche Inventur ihrer Tätigkeiten macht.

Schreiben Sie hierzu eine Woche lang am Abend eines Arbeitstages einfach auf, womit Sie an diesem Tag Ihre Arbeitszeit verbracht haben und zwar ohne jede Wertung. Halten Sie dabei für jede Tätigkeit auch den ungefähren Zeitaufwand fest. Nach einer Woche ziehen Sie sich bitte in Ihren „Tempel" zurück, wie dies Schwanfelder[29]

29 Schwanfelder, W., Sun Tzu für Manager, Campus, 2004, z.B. S. 47

ausdrückt und schreiben Sie auf, was Ihre eigentlichen Kerntätigkeiten sein sollten. Mit in den Tempel zurückziehen ist gemeint, dass Sie sich ausreichend Raum für diese Überlegungen ohne Termindruck und äußere Störungen nehmen. Hier kann auch ein Ortswechsel äußerst inspirierend wirken.

Dann folgt ein einfacher Soll-Ist-Vergleich, der in vielen Fällen für die Betroffenen sehr erhellend ist. Nicht selten stellen Manager – dann durchaus frustriert fest – dass Sie einen wesentlichen Teil Ihrer Arbeitszeit mit Tätigkeiten vergeuden, für die Sie eigentlich nicht bezahlt werden. Rama dama kann nun beginnen: Markieren Sie auf Ihrer Ist-Liste alle Tätigkeiten, die nicht zu Ihren Kernaufgaben gehören und überlegen Sie danach, wie Sie diese künftig abstellen können. Das wirksamste Mittel hierzu ist die Delegation an andere Mitarbeiter. Delegation setzt allerdings zwingend Vertrauen in Ihre Mitarbeiter voraus; dies sollte allerdings kein Problem sein, wenn Sie Ihre Mitarbeiter für Ihre Aufgaben sorgfältig ausgewählt haben. Hier kehren wir quasi wieder indirekt zur Absteckung des Spielfeldes zurück. Und dann schreiben Sie bitte auf, welche Kernaufgaben Sie bisher vernachlässigt haben, damit Sie sich diesen in Zukunft ganz besonders widmen können. Der Effekt dieser Übung ist der wahrscheinlich längst überfällige Sprung aus dem Hamsterrad des ewigen Zeitstresses verbunden mit höherer Effizienz Ihrer Arbeit und persönlicher Zufriedenheit. Damit Sie den gewünschten Effekt erzielen können, ist es hierbei notwendig, dass Sie Ihre originären Aufgaben kennen. Dies hängt natürlich von Ihrer hierarchischen Stellung im Unternehmen ab. Je höher Sie auf der Managementleiter stehen, desto mehr rücken rein fachliche Fragen in den Hintergrund und desto mehr dominieren die Kernaufgaben Vision, Strategie und Innovation.

Ich möchte das einmal exemplarisch für das Top-Management eines Unternehmens beschreiben:

Vision, Strategie, Innovation	20%
Mitarbeiter-Betreuung	40%
Kundenkontakt / Akquisition	20%
Gesellschafter / Öffentlichkeitsarbeit /	10%
Konferenzen / Post / Sonstiges	10%.

Sind Sie dagegen Abteilungsleiter in einer Behörde, dann könnte das Verhältnis Ihrer Aufgaben wie folgt aussehen:

Fachliche Fragen	40%
Mitarbeiter-Führung	40%
Konferenzen / Post / Sonstiges	20%

In jedem Fall erachte ich es für eine Führungskraft als wichtig, dass der „Bärenanteil" der Arbeitszeit der Mitarbeiterbetreuung gewidmet wird. Letztlich ist dieser Sollzustand immer von Ihnen nach den Umständen des Einzelfalls individuell festzulegen. Deswegen ist der oben erwähnte „Tempel" wichtig – eine zeitlich sinnvolle Investition.

Mit diesem Soll-Ist-Vergleich können Sie Ihren Mitarbeitern – insbesondere wenn diese überfordert erscheinen – im Gespräch eine wertvolle Hilfestellung geben.

Beim Rama dama kommt es allerdings nicht nur auf die Bereinigung von Tätigkeiten an, sondern es geht auch um die Beseitigung von höchst überflüssigen Auswertungen und nutzlosem Papier (damit meine ich Listen, die dem Kundenkontakt nicht dienen) im Unternehmen. Viele Firmen oder auch Verwaltungen sind im wahrsten Sinne des Wortes „listenreiche" Unternehmen. Meist ist es so, dass eine einmal kreierte Auswertung oder EDV-Liste im Unternehmen unter Artenschutz steht und unabhängig von Ihrer Berechtigung weiter ausgedruckt und auch verteilt wird. Meist überflüssiges Papier, das unbeachtet wieder weggeworfen wird und dennoch Sand im Getriebe einer gut funktionierten Organisation ist, die eigentlich den Anspruch hat, Kunden orientiert zu sein.

Gerade wenn man als Manager neu in einem Unternehmen beginnt, sollte man mit wachen Augen kritisch jede Auswertung und Liste, jedes Papier der Verwaltung hinterfragen. Ich habe das mit Penetranz bei meinem letzten Unternehmen praktiziert. Immer wenn mir meine Assistentin eine Liste zur Kenntnis oder gar zur Unterzeichnung vorgelegt hat, war meine Routinefrage: „Warum bekomme ich diese Auswertung? Zu welchem Zweck? Und welchen Nutzen haben unsere Kunden hiervon?" Meist war die Antwort: „Weiß ich nicht" oder „haben wir schon immer so gemacht". Ich schaffte dann dieses überflüssige Papier kurzerhand ab. Das ist Entmüllen im Sinne von Rama dama. Und noch ein Tipp: Lassen Sie Test weise immer mal wieder Listen mit einem Großverteiler verschwinden. Wenn niemand protestiert, wenn keiner diese Auswertungen vermisst, dann war das der Beweis, dass diese Listen überflüssig und nutzlos sind. Es ist leider häufig so, dass sich Unternehmen – besonders Konzerne – viel zu viel mit sich selbst beschäftigen und dabei den Kunden zunehmend aus den Augen verlieren. Also: Nicht nur die EU benötigt eine Anti-Bürokratie-Kommission, sondern wahrscheinlich auch Ihr Unternehmen. Spielen Sie deshalb mal von Zeit zu Zeit den Herrn Stoiber! Wie gesagt – „Rama dama" – aber gründlich. Das ist die Sperrmüllabfuhr in Ihrem Unternehmen! Diesen Prozess können Sie gerne noch beschleunigen, wenn Sie für jedes Stück nutzlose Papier, das verschwindet, eine Prämie für Ihre Mitarbeiter ausloben!

VII.5 Der Brubaker-Effekt

Der Film „Brubaker" aus dem Jahre 1980 unter der Regie von Stuart Rosenberg in der Hauptrolle mit Robert Redford ist ein Gefängnisdrama. Henry Brubaker wird dabei vom Gouverneur von Arkansas zum neuen Direktor des Wakefield-Gefängnisses ernannt. Noch vor seinem offiziellen Amtsantritt lässt sich Brubaker als Gefangener ins Gefängnis einschleusen, um sich ein möglichst unverfälschtes Bild von den dortigen Zuständen zu machen. Brubaker erlebt dabei, dass Korruption, Vergewaltigung und auch Folter zum Alltag des Wakefield-Gefängnisses gehören. Er entschließt sich, den Kampf gegen diese Missstände im Strafvollzug aufzunehmen. Der Film basiert auf den Erinnerungen von Thomas O. Murton, der Ende der sechziger

Jahre eine Gefängnisfarm in Arkansas zu reformieren versuchte und bei den Dreharbeiten auch beratend tätig war.

Hätte sich Brubaker nicht inkognito in das Gefängnis einschleusen lassen, sondern hätte er wie so viele Führungskräfte gleich seinen „Elfenbeinturm" bezogen und hieraus regiert, dann wäre er den Missständen wahrscheinlich nie auf die Spur gekommen. Übersehen wir bitte nicht: Eine Führungskraft, die sich in ihrem Büro verschanzt, wird die Realitäten im Unternehmen immer nur gefiltert wahrnehmen. Schlimmer noch: Sie wird auch von den Mitarbeitern nicht wahrgenommen, geschweige denn akzeptiert werden. Das meine ich mit dem Brubaker-Effekt: Raus aus dem Elfenbeinturm und so oft es geht, die Mitarbeiter an ihren Arbeitsplätzen aufsuchen (natürlich und ganz besonders auch die Kunden!), um ein Chef zum Anfassen zu werden. Freilich nicht um die Mitarbeiter zu überwachen oder zu kontrollieren, sondern um nachzufragen, zu diskutieren, sich ihre Probleme anzuhören und um zu lernen.

Ja, Sie lesen richtig – um zu lernen! Eine Führungskraft ist nicht „Doktor Allwissend" (auch wenn Manager dies gerne suggerieren), sondern sie muss die tägliche Bereitschaft im Unternehmen mitbringen, nachzufragen und hinzuzulernen. Wer seinen Mitarbeitern zu verstehen gibt, dass er etwas nicht weiß, der wirkt nicht abgehoben und unnahbar, sondern menschlich. Im Übrigen verschafft es dem Mitarbeiter durchaus ein gutes Gefühl, seinem Chef etwas erklären zu können. Und solche Unterhaltungen an der Basis führen regelmäßig zu mehr Erkenntnissen als stundenlange Sitzungen in großer Runde.

In meinem vorletzten Unternehmen hatte ich einen Geschäftsführer-Kollegen, der von seiner Ausbildung Ingenieur war. Aufgrund einer Eingliederung in einen größeren Konzern mussten wir im Rahmen des Integrationsprojekts häufig zu Sitzungen, bei denen der Schwerpunkt auf kaufmännischen Fragen lag. Reihenweise fielen dabei betriebswirtschaftliche und bilanztechnische Fachausdrücke und ich war schon erstaunt, dass mein technischer Kollege immer verständnisvoll nickte und nie nachfragte. Im Anschluss an eine dieser Sitzungen stellte ich ihm die Frage, woher er denn so ein profundes betriebswirtschaftliches Wissen habe. Er räumte mir gegenüber ein, dass er eigentlich überhaupt nichts verstehe und sagte: „Glauben Sie denn, ich gebe mir vor versammelter Mannschaft die Blöße, mein Wissensdefizit einzuräumen?" Und er lachte dabei.

Wann immer es mir möglich war, suchte ich meine Mitarbeiter an ihrem Arbeitsplatz auf, sei es im Labor oder auf der Baustelle, und lernte dadurch nicht nur die Menschen im Unternehmen kennen, sondern auch ihre Sorgen und Probleme. Und ich erfuhr eine ganze Menge über die technischen Zusammenhänge. Gut zuhören können ist eine Stärke von wirksamen Managern. Ich bin ohnehin der Auffassung, dass sich Führungskräfte zuwenig mit ihren Mitarbeitern unterhalten. Und gerade die Mitarbeiter tragen oftmals verborgene Schätze zur Unternehmensverbesserung mit sich herum. Heben Sie diese Schätze und schaffen Sie Mitarbeiternähe! Ein entscheidendes Indiz für diese Mitarbeiternähe ist immer folgende Frage, die Sie ihren Führungskräften stellen sollten: Wie viele Mitarbeiter im Unternehmen kennen Sie eigentlich persönlich und mit Namen? Besonders wenn man in einem Unternehmen neu ist, empfehle ich Ihnen offen und aktiv auf die Mitarbeiter zuzugehen und aufmerksam zuzuhören.

Bewährt hat sich auch die Institutionalisierung eines „Tags der offenen Tür". Einmal im Monat zu einem festgelegten Termin hat jeder Mitarbeiter die Möglichkeit ohne Voranmeldung den Chef zu sprechen, der an diesem Tag keinerlei terminliche Restriktionen hat und nur seinen Mitarbeitern zur Verfügung steht. Noch besser ist es aktiv auf die Mitarbeiter zuzugehen, indem die Geschäftsführung einmal im Monat mit ausgewählten Mitarbeitern (aus allen Hierarchiestufen) zu einem gemeinsamen Mittagessen einlädt. Dieses persönliche Gespräch und diesen direkten Kontakt erachte ich allemal für besser als so genannte E-Weblogs, bei denen den Mitarbeitern ein Scheinkontakt zum Vorstand oder der Geschäftsführung vorgegaukelt wird, indem sie in einem virtuellen Raum sich alles von der Seele schreiben können.

Scheuen Sie sich bitte auch nicht davor, mit Ihren Mitarbeitern über deren private Belange oder Probleme zu sprechen. Mit diesem sehr persönlichen Ansatz erreichen Sie mehr Bindung und Vertrauen als durch ein Vielfaches an rein fachlichen Gesprächen, weil Sie Ihren Mitarbeitern damit signalisieren, dass Sie sich für sie in erster Linie als Menschen interessieren.

Führungskräfte haben für Ihre Mitarbeiter und deren Arbeitsplätze eine besondere Verantwortung. Bei allen Entscheidungen von erheblicher wirtschaftlicher Tragweite sollten sie sich dieser Verantwortung bewusst sein. Fahrlässige Entscheidungen, die Unternehmen in die Insolvenz treiben, zerstören nicht nur Arbeitsplätze, sondern nicht selten auch die Zukunft von Familien und Kindern. Ich habe meine Manager im Unternehmen gerne anlässlich von Betriebsveranstaltungen zur Seite genommen, auf lachende Ehepartner oder glücklich spielende Kinder gezeigt und gesagt: „Bedenken Sie immer, dass Sie für diese Menschen eine erhöhte Verantwortung haben!“ Ein probates Mittel ist es auch anlässlich solcher Veranstaltungen Abteilungsfotos mit den Familien zu erstellen und diese in den Büros der Chefs gut sichtbar aufzuhängen.

VII.6 Richten Sie eine Writers-Corner ein

Diese Idee kam mir in Anlehnung an die berühmte Speakers Corner im Londoner Hyde Park. Weisen Sie in Ihrem Unternehmen einen Raum als „Meckerraum“ für alle aus und bekleben Sie alle Wände mit Papier. Nun hat jeder Mitarbeiter zu jeder Tageszeit die Möglichkeit, anonym oder mit Namensnennung, Missstände im Unternehmen anzuprangern oder auch Anregungen zu geben, indem er diese an die Wände schreibt. Ihre Aufgabe ist es, regelmäßig diesen Meckerraum zu besuchen, wodurch Sie ein gutes Stimmungsbild im Unternehmen erhalten. Es reicht jedoch nicht, nur die Botschaften der Belegschaft entgegen zu nehmen, sondern auch entsprechend darauf zu reagieren und zu handeln.

VII.7 Lob ist die Droge für Ihre Mitarbeiter

> „Ein Schulterklopfen ist nur ein paar Rückenwirbel entfernt von einem Tritt in den Hintern, ihm aber, was die Folgen betrifft, um Meilen voraus.“ – Victor Wilcox, USA

Böse Zungen in den Unternehmen behaupten, dass ein Lob vom Chef so selten ist wie der Lob (= hoher Ball) im Profitennis. Insoweit ist den Führungskräften nicht bewusst, welche „Motivationswaffe“ sie unbenutzt einfach liegen lassen. Und zu loben erfordert nur den eigenen Mund aufzumachen. Die neuere Hirnforschung hat herausgefunden, dass Motivation und Vitalität über die Ausschüttung von so genannten Botenstoffen im Gehirn gesteuert werden. Solche Botenstoffe oder Neurotransmitter sind beispielsweise die Dopamine, die für den Antrieb verantwortlich sind, die Opioide (z.B. Endorphine), die ein Glücksgefühl vermitteln oder das Oxytocin. Die Kernfrage ist nun, wie man den Körper zu einer Ausschüttung dieser Botenstoffe veranlassen kann. Die Hirnforscher kennen drei Arten von Stimulierungen, die zur Ausschüttung dieser „Glücks-Botenstoffe" führen: Musik (vor allem selbst Musik zu machen), Bewegung (Langstreckenläufer kennen den „Runners High") oder Anerkennung, Zuwendung und Sympathie. Vereinfacht könnte man sagen: Psychologie wird zur Biochemie im Körper. Das folgende Schaubild verdeutlicht noch einmal diese Zusammenhänge:

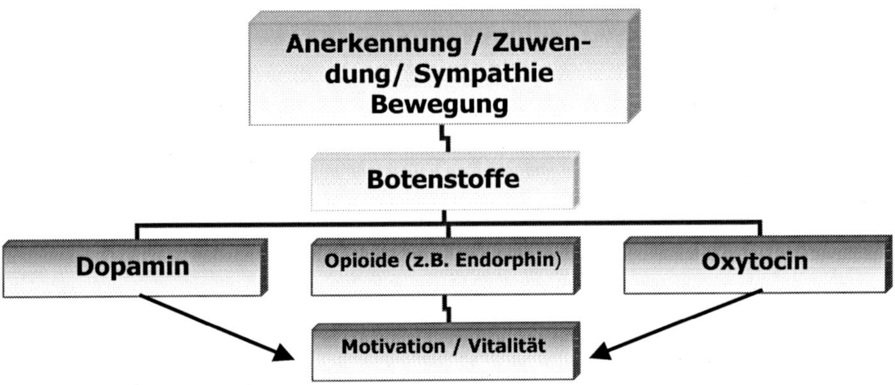

Nun wird deutlich, warum loben so lebensnotwendig für die Motivation in den Unternehmen ist: Ein Lob bedeutet Anerkennung und Zuwendung, was zur Ausschüttung der Botenstoffe beim Gelobten führt und ihn deswegen motiviert und antreibt. Dieser Ausschüttungsmechanismus ist vergleichbar mit dem beim Drogenkonsum: Deshalb ist ein Lob die Droge für Ihre Mitarbeiter! Diese Erkenntnisse der Hirnforschung, die im Übrigen durch die funktionale Kernspintomographie wissenschaftlich nachgewiesen sind, zeigen auch die Überlegenheit der emotionalen Führung gegenüber der weit verbreiteten kognitiven Führung. Und sie sind ein eindeutiger Beweis dafür, dass es zur Motivation äußerer Reize bedarf, demnach die so genannte intrinsische Motivation (von innen heraus) in Frage gestellt werden muss. Professor Joachim Bauer von der Uni Freiburg, einer der bedeutendsten Hirnforscher weltweit, vertritt insoweit die These, dass Menschen, die über keinerlei dieser äußeren Reize über einen längeren Zeitraum erhalten, zwangsläufig psychisch erkranken. Burnout und fehlende Anerkennung oder Zuwendung korrespondieren also unmittelbar miteinander.

Das früher propagierte Führungsmodell „Zuckerbrot und Peitsche" vom Trainer Max Merkel hat ausgedient; Loben ist das Gebot der Stunde. Nun wäre es aber auch unsinnig, seine Mitarbeiter wegen jeder Kleinigkeit zu loben, denn dann liefe der gesetzte Reiz beim Gelobten wegen des Gewöhnungseffekts ins Leere. Demnach gilt:

- Loben Sie Ihre Mitarbeiter für besondere Leistungen.
- Loben Sie sofort und am besten vor versammelter Mannschaft.

Bereits weiter vorne habe ich ausgeführt, warum ein Wort aus dem Munde des Chefs so bedeutungsschwer wiegt. Umso wirkungsvoller wird das Lob des Chefs zur Ausschüttung der Botenstoffe und damit zur Motivation führen.

„Gegen Angriffe kann man sich wehren, gegen Lob ist man machtlos" – Sigmund Freud (1856 – 1939), österreichischer Psychiater und Neurologe

Nur der Vollständigkeit halber: Das Gegenteil von Lob, die Kritik, sollte immer nur unter vier Augen stattfinden. Wie schädlich und zersetzend öffentliche Kritik sein kann, hatte Bayern München-Vorstand Rummenigge Ende 2007 vorgemacht, als er Trainer und Ex-Mathematiklehrer Ottmar Hitzfeld mit seinem Rotationssystem in den Medien nach dem Unentschieden im UEFA-Cup gegen die Bolton Wanderers „abwatschte" mit den Worten: „Fußball ist keine Mathematik. Die Zuschauer haben das Recht die beste Mannschaft zu sehen." Hitzfeld hatte jegliche Autorität bei seinen Spielern verloren und war tief gekränkt. Auch ein Vorstand wie Rummenigge kann in punkto Personalführung noch einiges dazulernen. Denn mit öffentlicher Bloßstellung schafft man zu seinen Mitarbeitern kein Vertrauen.

VII.8 „Spieglein, Spieglein..." – oder von der Abschaffung des Hofstaats

„Mögen hätt' ich schon wollen, aber dürfen hab' ich mich nicht getraut!" – Karl Valentin (1882 – 1948), bayerischer Komiker

Jeder Mensch hat den Chef, den er verdient! Das soll nicht zynisch klingen, ist aber eine Konsequenz des eigenen selbst bestimmten Handelns. Wer kein Rückgrat zeigt, seine Fahne immer nur in den Wind des Vorgesetzten hängt, wer mit seinem Wirken eine dicke Schleimspur im Unternehmen hinterlässt, der braucht sich nicht zu wundern, wenn er mit seinem Chef nicht auf Augenhöhe sprechen kann und von diesem nicht respektiert wird.

„Eine Menge Leute haben Angst zu sagen, was sie möchten. So bekommen sie auch nicht, was sie möchten". – Madonna (*1958), amerikanische Popsängerin

Wer meint, einen unmöglichen Vorgesetzten zu haben, der kann ihn einfach abwählen. Ja, er kann, denn jeder Mensch trifft jeden Tag ganz bewusst eine Entscheidung für das Unternehmen oder eventuell dagegen. Wir haben immer Wahlalternativen, wenn wir nur wollen! Ich konnte nie verstehen, warum Menschen in Unternehmen permanent über die Führungsunfähigkeit ihres Chefs jammern und schimpfen und dann trotz allem Leidensdrucks diesen über Jahre hinweg ertragen. Selbst schuld!

Ein starker Manager fordert von seinen Mitarbeitern offene Kritik und Widerspruch, will einen ehrlichen Spiegel vorgehalten bekommen. Nur so wird es ihm ermöglicht, sein Handeln und seine Entscheidungen immer wieder zu überprüfen und ggf. zu korrigieren. Abnicker und Ja-Sager sind ihm zuwider. Ein guter Manager braucht keinen Hofstaat, der ihm zu Füßen liegt. Ich war immer wieder erstaunt, wenn ich beispielsweise mit Ministern zu tun hatte, wie devot, zurückhaltend und flexibel in der eigenen Meinung sich deren Mitarbeiter zeigten, wenn sich der Minister im Raum befand. Mit einer derart ausgeprägten Unterwürfigkeit ist auf Dauer niemandem geholfen: den Mitarbeitern nicht und erst recht nicht dem

Chef. Wer immer nur Diener um sich schart, der glaubt wahrscheinlich irgendwann selbst, dass er der unfehlbare und erleuchtete Meister ist. Allmachtsphantasien sind aber in Unternehmen und Organisationen, wenn sie dauerhaft existieren wollen, fehl am Platze.

Leider stellt man in vielen Unternehmen immer wieder fest, dass viele Mitarbeiter im Laufe der Zeit eine erstaunliche Metamorphose durchleben: Sie mutieren allmählich zu Kopien des Chefs, sie bewegen sich wie dieser, sie kleiden sich ähnlich und sie sprechen und handeln auch so. Das geklonte Schaf Dolly lässt ganz herzlich grüßen! Wenn Sie mir das nicht glauben wollen, dann können Sie das gerne beispielsweise in der Tagesschau besichtigen. Schließen Sie einfach die Augen, wenn unser Außenminister Frank-Walter Steinmeier spricht. Erinnert Sie dessen Sprache und Betonung nicht an jemanden?

Für mich waren immer diejenigen Mitarbeiter die wertvollsten, die mir schonungslos und ehrlich die Meinung sagten, auch wenn es manchmal schmerzte. Diese Mitarbeiter habe ich immer gezielt gefördert, denn gerade sie haben das Unternehmen nach vorne gebracht. Wer Kritik fordert, darf nicht gekränkt reagieren, sondern sollte diese als Geschenk annehmen und darüber nachdenken; er sollte keinesfalls „zurück schlagen". Wer verletzt zum Gegenschlag ausholt, zerstört die Vertrauensbasis nachhaltig. Ich kann jedem Manager nur empfehlen, dass er Widerspruch und Kritik ganz offen herausfordert – nur so ist die eigene Entwicklung als Führungskraft möglich. Auch das hat mit einer Veränderung der Unternehmenskultur zu tun, die maßgeblich von den Vorgesetzten geprägt wird. Es ist wie mit einem Bumerang: Wenn sie ihre Mitarbeiter ehrlich und mit ganzem Herzen zu Kritik und Widerspruch auffordern, wird dieser Bumerang (im positiven Sinne) zu ihnen zurückkommen. Sie müssen aber den ersten Schritt tun.

VII.9 Gib Geheimniskrämerei keine Chance

Mitarbeiter leisten im Unternehmen einen Beitrag zum großen Ganzen, weshalb Sie das Recht haben, über Ihre Arbeitsergebnisse offen und ehrlich informiert zu werden. Und die Vorgesetzten haben die verdammte Pflicht und Schuldigkeit, Ihre Mitarbeiter auch regelmäßig zu informieren. Informationen sind kein Herrschaftsinstrument, um seine Position als Vorgesetzter abzusichern, was leider oft genug in den Unternehmen Realität ist. Informationen sind eine Bringschuld des Vorgesetzten! Es geht mir dabei um Ziel gerichtete Informationen, die auf den Empfänger und sein Informationsbedürfnis zugeschnitten sind. Dies umfasst selbstverständlich die monatlichen Ergebnisse der Profit-Center, Zielerreichungsgrade sowie die Unternehmensstrategie. Ich ließ in den von mir geführten Unternehmen die monatlichen Ergebnisse der jeweiligen Profit-Center vor Ort aushängen, und zwar im Soll-Ist-Vergleich, so dass die Mitarbeiter sehen konnten, ob Sie sich auf Prämienkurs befinden oder nicht. Informationen müssen nach meinem Verständnis regelmäßig gegeben werden, um ein anvisiertes Ziel erreichen zu können.

Deutlich wird dies wieder einmal mit einem Beispiel aus dem Sport. Wenn ein 5000 Meter-Läufer einen Weltrekord anstrebt, werden ihm wie in einem Soll-Ist-Vergleich die Rundenzeiten bzw. Zwischenzeiten durchgegeben und nicht erst im Zieleinlauf seine Endzeit.

Das obligatorische Informationspaket für Ihre Belegschaft sollte in jedem Fall auch die Vorstellung von neuen Mitarbeitern im Unternehmen umfassen. Gehen Sie auch hier einen anderen Weg und nutzen Sie die Möglichkeiten des Intranets. Eine sehr pfiffige Idee ist es, die neuen Mitarbeiter in einem kleinen Film persönlich vorzustellen. Dieses Filmportrait könnte dann ins Intranet eingestellt werden – auf diese Weise wird das Gesicht des neuen Mitarbeiters schon mal vertraut gemacht. Mindeststandard aber sollten ein Bild und eine Kurzbeschreibung (Aufgabe im Unternehmen, evtl. Hobbys) entweder im Intranet oder im Aushang beispielsweise vor der Kantine sein. Ich halte es für das Klima in einem Unternehmen für ganz entscheidend, wie gerade mit den neuen Mitarbeitern umgegangen wird. Es ist ein wesentlicher Unterschied, ob jemand ohne großes Aufheben in ein Büro „gesetzt" wird oder ob dieser vom Chef persönlich begrüßt wird, beispielsweise mit einem Blumenstrauß oder einer kleinen Aufmerksamkeit, und durch das Unternehmen oder die Abteilung geführt wird, was von Anbeginn an dem Menschen gegenüber Wertschätzung signalisiert. Es sind oftmals die kleinen Gesten, die den großen Unterschied ausmachen. Eigentlich schon optimal wären so genannte Einführungswochen für neue Mitarbeiter, die maßgeschneidert auf ihr künftiges Aufgabengebiet zugeschnitten sind.

In einem kleinen Laden arbeitete der Chef mit ein paar Angestellten im hektischen Vorweihnachtsgeschäft. Am Nachmittag holte sich der Chef aus der benachbarten Bäckerei ein Stück Kuchen; seinen Angestellten brachte er nichts mit. Es versteht sich fast von selbst, dass diese auch zu Weihnachten weder eine Aufmerksamkeit noch eine Karte erhielten. Dass dieser Chef nicht anerkannt ist, liegt auf der Hand. Ich kann mir nicht vorstellen, dass seine Angestellten für ihn durchs Feuer gehen würden. Es sind eben die kleinen Gesten, die den Menschen gegenüber Wertschätzung ausdrücken.

Von Bedeutung ist es ferner auch, wie das Unternehmen mit den ausscheidenden Mitarbeitern umgeht. Werden Sie mit Schimpf und Schande vom Hofe gejagt, nur weil sie beispielsweise gekündigt haben, oder geht man fair und professionell miteinander um? Täuschen Sie sich nicht: Ihre Mitarbeiter beobachten diesen Vorgang sehr genau und ziehen daraus ihre ganz persönlichen Rückschlüsse.

Eine Anmerkung ist mir noch wichtig: In vielen Unternehmen werden den Personalabteilungen zu viele Kompetenzen im Hinblick auf die Mitarbeiter übertragen. Ich bin der Auffassung, dass die Personalführung und auch die Personalentwicklung zu den wichtigsten Aufgaben des Chefs gehören und nicht ausschließlich an eine Personalabteilung abgetreten werden können. Nicht selten erschaffen sich Personalabteilungen mit immer feineren psychologischen Verfahren und dv-gestützten Werkzeugen mehr und mehr Arbeitsfelder und blähen sich so bedeutungsschwer auf. Doch sie bleiben trotzdem nur „Scheinkümmerer" für das Personal; die Mitarbeiter-Valium für die Geschäftsleitung nach dem Motto: Für unser Personal tun wir doch alles! Ich bleibe dabei: Der wichtigste Ansprechpartner und oberste Personalentwickler ist immer der unmittelbare Chef. Und nicht die administrativen Fürsten der Assessment-Center.

VII.10 Vom tapferen Schneiderlein und den 100 E-Mails

> „Trotz aller modernen Kommunikationsmittel bleibt nichts wichtiger als die unmittelbare Ansprache" – Gerhard Schröder, Bundeskanzler a.D.

Auf dem Höhepunkt des New-Economy-Hype erklärte der Vorstandsvorsitzende eines deutschen Konzerns der staunenden Öffentlichkeit einmal, er lese und bearbeite jeden Tag etwa 100 E-Mails. Ich war hiervon weniger beeindruckt, eher erschrocken, als ich nachrechnete: Wenn man pro E-Mail für Lesen und Bearbeiten die „Blitzzeit" von nur drei Minuten annimmt, dann müsste dieser Vorstandsvorsitzende täglich 300 Minuten nur mit dem PC verbringen – immerhin fünf (!) Stunden täglich. Ich habe mich dann gefragt, wann dieser Top-Manager mit seinen Mitarbeitern – persönlich – kommuniziert und wie viel Zeit ihm für seine eigentlichen Kernaufgaben (z.B. Strategie, Kunden etc.) noch bleibt. Eigentlich habe ich diesen Mann für seine Einstellung nur bedauert, mehr noch jedoch seine Mitarbeiter. Seine Prahlerei erinnerte mich ein bisschen an das Märchen vom tapferen Schneiderlein: „Statt sieben jetzt also hundert auf einen Streich. Und das jeden Tag!" Oder zynisch formuliert: Kaspar Hauser feiert fröhliche Urständ in unseren Chefetagen!

Kommunikation über E-Mails ist unlebendig; sie berührt nicht, sie lässt keinen Blickkontakt zu. Ich will damit zum Ausdruck bringen, dass zur Kommunikation unverzichtbar auch Feedback gehört, und zwar Feedback mit Gestik und Mimik. Zur Motivierung von Mitarbeitern ist es erforderlich, dass man sie berührt und zwar emotional. Und dass man als Vorgesetzter Signale beachtet, die im Gespräch vom Gegenüber gesendet werden. Diese manchmal flüchtigen Signale sind wichtiger als das gesprochene Wort. Es geht beim Gespräch sehr oft und gerade um die „Zwischentöne". Kommunikation ist neben Reden und Zuhören vor allem und zuerst einmal Spüren und Fühlen – den Gegenüber zu berühren und sich ergreifen lassen. Dazu gehört Blickkontakt! Nicht umsonst heißt es nach einem Streit, dass man sich wieder in die Augen sehen sollte. Und wie soll man sich emotional im Unternehmen begegnen, wenn sich Vorgesetzte und Mitarbeiter vorzugsweise hinter ihren getippten Worten und Bildschirmen verschanzen und einmauern. Keine

Nähe mehr zulassen. Wenn man sich zu einer Erörterung eines Problems nicht mehr auf einen Kaffee treffen will, sondern in Teamrooms im Intranet virtuelle Meetings abhält, ohne sich nah zu sein und die Emotionen zu spüren, ist das ein bedenkliches Zeichen. Ein Unternehmen ist ein lebendiger und dynamischer Organismus, der nicht im Cyberspace eingeschlossen werden darf.

Gerade konfliktscheue Menschen neigen dazu, vordergründig das Kommunikationsmittel E-Mail einzusetzen. Unangenehme Sachverhalte werden nicht in einem Telefonat oder persönlichen Gespräch erörtert, also in direkter Kommunikation, sondern in den elektronischen Briefkasten abgelegt. Auf diese Weise wird in den Unternehmen eine wahre Inflation von Schreiben produziert, die wiederum gelesen und auch beantwortet werden müssen. Posteingangsfächer degenerieren so zu wahren Müllhalden! Viel effizienter und klärender wäre es, den Mitarbeiter, Vorgesetzten oder Kunden statt dessen anzurufen oder zu treffen – aktiv auf ihn zuzugehen. Der Weg zum Telefonhörer ist nicht länger als zur Tastatur Ihres Notebooks.

Mein ureigenes Rezept gegen die „E-Mail-Junkies" im Unternehmen ist der persönliche oder telefonische Return. Ich lasse mir im Regelfall die Antwort über dieses Kommunikationsmittel nicht aufzwängen. Und ich frage meist zu Beginn des Gesprächs oder Telefonats: „Warum haben Sie eigentlich nicht zum Telefonhörer gegriffen? Bis dahin sind es doch nur 30 Zentimeter." Gerade als Vorgesetzter prägen Sie mit Vorleben und ihren Handlungen und Reaktionen ganz entscheidend den gegenseitigen Umgang und die Kultur in Ihrem Unternehmen.

Eine Studie des Henley Management College, bei der 180 Manager in Deutschland, Großbritannien, Dänemark und Schweden befragt wurden, kommt zu dem erschreckenden Ergebnis, dass sich europäische Manager täglich bis zu zwei Stunden mit der E-Mail-Kommunikation beschäftigen. Rund 32 Prozent aller E-Mails bezeichneten die Befragten als reine Zeitfresser und irrelevant. Büroangestellte verschwenden mit unnötigen E-Mails etwa dreieinhalb Jahre ihres Lebens. E-Mails sind die moderne Heuschreckenplage unserer Zeit. Durch das „cc" können beliebig viele Adressaten in den Verteiler einbezogen werden und so gerade von ängstlichen und entscheidungsschwachen Mitarbeitern „bösgläubig" gemacht werden frei nach dem Motto: Es soll keiner sagen, er habe meine Entscheidung nicht gekannt! Diese Absicherung per Massenversand ist störender Sand im Getriebe der Unternehmensprozesse und wirkt sich bei Entscheidungen eher verzögernd aus. Darüber hinaus beeinflussen E-Mails wegen des fehlenden persönlichen Gesprächs die sozialen Kontakte und den Teamgeist eher negativ. E-Mail-Junkies sind süchtig nach den neuesten Nachrichten und werden dadurch oftmals von der eigentlichen Arbeit abgehalten. Durch den Erwartungsdruck einer möglichst schnellen Beantwortung der elektronischen Post wird der Arbeitstakt zwangsläufig immer schneller und abgehackter (Stichwort: Sägezahneffekt), die Effizienz der Arbeit leidet wie letztlich auch die Betroffenen selbst.

Nun haben Sie als Manager zwei Möglichkeiten mit der E-Mail-Schwemme umzugehen: Entweder Sie hissen die weiße Fahne und lassen sich weiter von der elektronischen Post terrorisieren und den Arbeitstakt aufzwängen oder Sie sagen dieser Kommunikationspest den Kampf an, weswegen Sie kein altmodisch-rückständiger Computerverweigerer sein müssen; eher ein verantwortungsbewusster Manager, der dieses durchaus sinnvolle Arbeitsmittel mit Augenmaß in der täglichen Arbeit einsetzt. Wie schon einmal gesagt: Ihre Worte als Chef haben bei den Mitarbeitern besonderes Schwergewicht und wie Sie mit E-Mails umgehen, so prägen Sie die Unternehmenskultur.

Ich empfehle Ihnen als Grundsatz im Unternehmen: Kommunikation findet zu allererst persönlich statt oder telefonisch; nur in Ausnahmefällen werden E-Mails geschrieben. Für die Niederschrift von Besprechungsergebnissen sind E-Mails idealer weise zu bevorzugen. Es sollte ferner der Grundsatz gelten: Sämtliche CC-Mails werden umgehend gelöscht und gelten als nicht gelesen. Wer möchte, muss die E-Mail direkt an den Adressaten schicken und klar darlegen, warum dieser nun aktiv werden soll. Ebenso könnte es für das Zeitmanagement nützlich sein, wenn es im Unternehmen eine Vereinbarung gäbe, wonach E-Mails am Tage einmal gebündelt abgearbeitet werden.

Es ist sehr hilfreich, wenn die E-Mail-Kultur in einem Unternehmen einmal grundsätzlich im Rahmen eines Meetings besprochen wird. Dabei können die obigen Empfehlungen diskutiert werden und als Ergebnis in einer für das Unternehmen verbindlichen E-Mail-Richtlinie schriftlich dokumentiert werden. Sich Zeit für eine ausführliche Diskussion zu diesem Thema zu nehmen, ist eine gute Investition, weil sie hilft, späteren Leerlauf zu vermeiden und wahrscheinlich auch neue Erkenntnisse zu den Schnittstellen im Unternehmen bringt.

Erlauben Sie mir abschließend noch eine persönliche Anmerkung: Durch die Schnelligkeit von E-Mails, quasi per Wimpernschlag Post um den Erdball zu verschicken, haben häufig auch Schreibstil und präzise Formulierungen gelitten, was zu einer gewissen Verwahrlosung von elektronischen Briefen geführt hat (weil ja auch die Antwort möglichst schnell versendet werden soll). Noch extremer entwickelt sich dies beim so genannten Multitasking, also dem gleichzeitigen Abarbeiten von verschiedenen Aufgaben, was bei Einstellungen heute mehr und mehr als persönliche Fähigkeit gefordert wird. Wer telefoniert und gleichzeitig eine Mail verfasst, muss zwangsläufig unsauber arbeiten. Oder auf gut bayerisch gesagt: Multitasking ist ein ausgemachter Schmarrn! Wie schon oben ausgeführt: Entschleunigung ist Balsam auf die Wunden der kommunikativen Sprintgesellschaft! Wie wohltuend und in der heutigen Zeit außergewöhnlich es ist, einen mit Füllfederhalter handgeschriebenen Brief zu erhalten, konnte Thomas Gottschalk am eigenen Leib verspüren. Als seine Mutter starb, kondolierte der Komiker Olli Dittrich auf diese Weise. Gottschalk war emotional überwältigt, dass sich in der heutigen Zeit noch jemand die Zeit nimmt und einen handgeschriebenen Brief verfasst. Welch ausdrucksstarke Form der persönlichen Wertschätzung einem Menschen gegenüber. Auch damit kann man seine Andersartigkeit zeigen und die Mitarbeiter bei besonderen Anlässen berühren. Denken Sie darüber einmal nach!

VII.11 Sitzen Sie weniger in Sitzungen

„Sitzung ogsetzt, highetzt,/ abghetzt, ausanandergsetzt, Tagesordnung festgsetzt, wieder abgsetzt, / Kommissionen besetzt, umbsetzt, gschwätzt, / nix gsagt, vertagt, z`letzt neu ogsetzt, zsammakumma, / nix is rauskumma, Sitzung umma" – Franz Josef Strauß (1915 – 1988)[30]

Zu den großen Geldvernichtungsmaschinerien in Unternehmen und Verwaltungen zählt mittlerweile die Inflation von Sitzungen. Sie stehen oft unter dem Motto: „Der Berg kreißte und gebar eine Maus!" Nicht selten vernimmt man in den Unternehmen Kollektivgejammer, wenn das Stichwort „Meetings" fällt. „Überflüssig, Zeiträuber, Quatschrunde, ergebnislos": Trotz dieser häufig vernichtenden Bewertung von Sitzungen durch die Teilnehmer habe ich es immer wieder erlebt, dass Mitarbeiter äußerst gekränkt reagieren können, wenn sie zu bestimmten Meetings nicht eingeladen werden – schließlich bedeutet Einladung in diesem Kontext auch Bedeutsamkeit, Wichtigkeit und Statussymbol. Oder um es mit Baby Schimmerlos aus der Fernsehserie „Kir Royal" zu sagen: „Wer reinkommt, ist drin!" Und gerade aus diesem Grunde werden Sitzungen häufig personell aufgebläht, was wiederum der Effizienz schadet: Meetings degenerieren so nicht selten zu ergebnislosen Lagerfeuer-Palaverrunden. Angesichts alleine der Personalkosten, die jedes Meeting verursacht, grenzt es fast schon an den Tatbestand der Untreue, wenn einzelne Teilnehmer ohne jegliche Vorbereitung lediglich körperlich anwesend sind und unter dem Tisch mit ihrem Blackberry spielen. Deja vu? Bestimmt!

30 Für alle Nichtbayern hier die Übersetzung: Sitzung angesetzt, hingehetzt, / abgehetzt, auseinandergesetzt, Tagesordnung festgesetzt, wieder abgesetzt, / Kommissionen besetzt, umbesetzt, geschwätzt, / nichts gesagt, vertagt, zuletzt neu angesetzt, / viele sind zusammen gekommen, / nichts ist raus gekommen, Sitzung ist vorbei.

„Besprechungen mit vielen Teilnehmern lösen selten ein Problem, sondern verschwenden viel wertvolle Zeit" – Cyril Northcote Parkinson (1909 – 1993), brit. Historiker und Publizist

Freilich sind Meetings unerlässlich, nur sollten Sie eine ehrliche Inventur Ihrer Sitzungen im Unternehmen machen: Welche sind absolut notwendig und auf welche können Sie getrost verzichten? Informationen können häufig auch schriftlich in einem Mitarbeiterbrief oder im Intranet weitergegeben werden; strittige Punkte vorab oftmals schneller telefonisch oder in einer kleinen Gruppe abgestimmt werden.

Reduzieren Sie die Sitzungen in Ihrem Unternehmen oder in Ihrer Abteilung auf das notwendige Minimum!

Sehr hilfreich ist in diesem Zusammenhang die „Personalkostenuhr": Ermitteln Sie für den Teilnehmerkreis, was die Sitzungsminute kostet, und lassen Sie diese Uhr während der Sitzung mitlaufen, so dass die Teilnehmer ständig die verbrauchten Kosten an der Wand sehen können (PC und Beamer reichen hierfür) – schon sehr bald werden Ihre Sitzungen deutlich kürzer werden.

Um vom zuvor beschriebenen Lagerfeuer-Palaver wegzukommen, sind für den effizienten Verlauf von Sitzungen ein paar weitere Spielregeln zu beachten:

- Schreiben Sie zu Beginn einer jeden Sitzung das Ziel dieses Meetings für alle sichtbar auf.
- Bereiten Sie die Sitzung detailliert vor: Jeder Teilnehmer erhält vorab alle Unterlagen; zu jedem Tagesordnungspunkt ist ein Beschlussvorschlag beigefügt.
- Vermeiden Sie Tischvorlagen und eine ausufernde Erweiterung der Tagesordnung um nicht vorbereitete Themen.

- Disziplin ist das Salz in der „Sitzungssuppe“: Halten Sie den Zeitplan ein und beginnen Sie pünktlich. Wer nicht pünktlich anwesend ist, der wird zur Sitzung nicht mehr zugelassen (Schild mit aufgemalter Uhrzeit vor die Tür: „Und ich muss draußen bleiben!“). Ich garantiere Ihnen, wenn der erste unpünktliche Sitzungsteilnehmer „ausgesperrt“ worden war, werden Sie sich vor Überpünktlichkeit nicht mehr retten können!
- Schreiben Sie – wenn möglich – nur Ergebnisprotokolle. Beschlüsse sind wichtig – was wer zu welchem Tagesordnungspunkt gesagt hat, ist im Regelfall überflüssige Prosa und für den Protokollführer reine Beschäftigungstherapie.
- Nehmen Sie sich am Ende noch die Zeit einer Bewertung: Wurde das eingangs festgelegte Ziel des Meetings erreicht? Hierzu können die Teilnehmer der Sitzung die rote oder grüne Karte zeigen.

Als sehr hilfreich hat es sich für Sitzungen erwiesen, wenn die Teilnehmer sich auf gemeinsame „Spielregeln" verständigen, nach denen das Meeting abzulaufen hat. Diese „Spielregeln" werden entweder im Sitzungssaal gut sichtbar für alle ausgehängt oder grundsätzlich mit den Unterlagen verteilt. Durch diese Selbstverpflichtung der Gruppe erreicht man eine wesentlich bessere Fokussierung auf die Ziele des Meetings. Solche Spielregeln könnten beispielsweise so aussehen:

Jeder Sitzungsteilnehmer, nicht nur der Leiter, übernimmt die Verantwortung dafür, dass wir

- *nie das festgelegte Ziel des Meetings aus den Augen verlieren;*
- *immer wieder zum Thema zurückkehren, falls wir abschweifen sollten;*
- *offen und ehrlich miteinander kommunizieren und uns mit gegenseitigem Respekt behandeln;*
- *gefasste Beschlüsse gemeinsam tragen und auch ohne Negativkommentare umsetzen werden;*
- *immer gut vorbereitet in die Sitzung gehen;*
- *aufgeschlossen für neue Ideen und andersartige Wege sind.*

Wie gesagt, dies ist nur ein Beispiel einer Sitzungs-Spielregel. Probieren Sie es einmal aus und erarbeiten Sie mit Ihren Sitzungsteilnehmern eine solche Selbstverpflichtung!

Noch ein Aspekt erscheint mir wichtig: Wechseln Sie von Zeit zu Zeit den Ort für Ihre Meetings. Ich meine damit keinen räumlichen Wechsel von einem Zimmer zum anderen in Ihrem Unternehmen, sondern eine völlig andere Umgebung, wie beispielsweise ein Kloster, den Garten, einen Golfplatz oder ein Museum usw. Eine neue Umgebung ist der Feind der eingeschliffenen Routine; sie kann auf die Teilnehmer eine kreative und inspirierende Wirkung entfalten. Im Übrigen fördert ein derartiger Standortwechsel im Hinblick auf mögliche Probleme neue Sichtweisen und Perspektiven. Wer öfters seinen „Standpunkt" wechselt, bekommt eine andere Blickrichtung und wird dadurch offener und toleranter für neue Lösungsmodelle.

Noch eine Bitte an Sie: Es kommt immer wieder vor, dass einzelne Sitzungsteilnehmer während eines Meetings im negativen Sinne auffällig werden; sei es, dass sie schlecht vorbereitet sind; sei es, dass sie sich an den Diskussionen nicht beteiligen oder offenkundig gegen die „Spielregeln" verstoßen. Üben Sie dann nie vor versammelter Mannschaft Einzelkritik – es gibt nichts Schädlicheres! Mir ist in der Praxis dieser Fehler leider auch unterlaufen; die Folge war, dass die Gruppe enger zusammenrückte und sich ein Mitleidseffekt für den kritisierten Teilnehmer ausbreitete. Erreicht hatte ich mit diesem „Abkanzeln" nichts, aber auch gar nichts. Ich musste mir – zu Recht – von meinen Mitarbeitern dafür Kritik anhören. Besser ist es allemal, in einem Einzelgespräch mit dem betroffenen Mitarbeiter **sofort** nach der Sitzung die Reibungspunkte offen und ehrlich unter vier Augen zu klären. Bitte keine Rabattmarkenmentalität an den Tag legen und nicht erst bis zum nächsten Mitarbeitergespräch mit der Kritik warten. Im Übrigen gilt der Grundsatz (wie bereits weiter vorne ausgeführt): Lobe vor versammelter Mannschaft und kritisiere nur unter vier Augen!

Ein wesentlicher Aspekt erscheint mir noch sehr wichtig (darüber sollten gerade die Top-Führungskräfte nachdenken): Wären alle Sitzungen im Unternehmen so akribisch und detailliert vorbereitet wie die Aufsichtsratssitzungen, dann hätten wir uns über dieses Kapitel eigentlich nicht unterhalten müssen.

VIII RETAINMENT ODER DIE TREIBJAGD AUF TALENTE

Wenn wir uns mit Management für die neue Zeit beschäftigen, dann wird diese neue Zeit untrennbar mit einem Kampf der Unternehmen um Talente verknüpft sein. Schon aufgrund der absehbaren demographischen Entwicklung werden in den nächsten Jahren weniger hoch qualifizierte Arbeitskräfte dem Markt zur Verfügung stehen als benötigt werden. Bereits heute fehlen in Deutschland etwa 90000 Ingenieure – eine Entspannung ist nicht in Sicht. Die Situation wird noch dadurch verschärft, dass die Studierenden von heute international geprägt aufwachsen, Auslandssemester einschieben und einer Karriere in fremden Ländern nicht abgeneigt sind.

Die inländische Wirtschaft muss sich also etwas einfallen lassen, um personell nicht auszubluten. Dies gilt zum einen im Hinblick auf die Anwerbung von hoch qualifizierten Mitarbeitern und zum anderen hinsichtlich ihrer Bindung. Während für frühere Generationen noch Loyalität zum Unternehmen ein Wert an sich war, gibt es diese Treue in der Regel heute nicht mehr. Warum auch, wenn gerade die oft arbeitnehmerfeindliche Shareholder-Value-Politik einseitig den Solidarpakt zwischen Unternehmen und Mitarbeitern stillschweigend aufgekündigt hat. Hinzu kommt ein verstärkter Trend zur Individualisierung. Was also tun?

Die Kampfaufgabe lautet verkürzt: Talente für das eigene Unternehmen begeistern. Schnelldenker werden jetzt einwerfen, dass sich mit Geld alles regeln lässt. Ich sage nein, weil die Konkurrenten auch reizvolle Gehälter bieten werden. Intelligenter ist hier schon der öfters praktizierte Ansatz der Stiftung eines Lehrstuhls, der den Zielsetzungen des Unternehmens förderlich ist und auf diese Weise einen exklusiven Zugang zu den Studierenden bietet. Der Königsweg wird aber sein, von den Mitarbeitern von morgen als hoch attraktiver Arbeitgeber wahrgenommen zu werden. Sicherlich hilft dabei die Marke, ausreichen wird sie letztlich aber nicht: Entscheidend wird der Wohlfühlfaktor des jeweiligen Unternehmens sein. Und dieser wird geprägt durch die Kultur in Ihrem Unternehmen und wiederum ganz entscheidend durch das Management.

Und jetzt schließt sich wieder der Kreis zu Peter Löscher von Siemens. Mal im Ernst: Welches umworbene Talent möchte zu einem Unternehmen, das ihn vielleicht in einigen Jahren unter dem Oberbegriff „Lehmschicht" entsorgen will. Liebe Siemens-Vorstände, denken Sie hierüber einfach mal einen Moment nach. Oder wen hätte es künftig zu Continental gezogen, dessen Ex-Vorstandsvorsitzender Manfred Wennemer gerne verkündete, dass die Arbeitsplätze nie sicher seien, weil sie immer an die Marktentwicklung angepasst werden müssten. Die Aussage mag im Kern ja richtig sein, nur: Wenn die Mitarbeiter diese Botschaft wieder und wieder hören und lesen, dann trägt dies nicht gerade zur Vertrauensbildung bei. Genau so wenig wie das Taktieren von Herrn Wennemer nach der Übernahme von Siemens VDO. Monatelang druckste der Vorstand im Hinblick auf die abzubauenden Arbeitsplätze wegen der gerne beschworenen Synergien herum; man müsse erst in Ruhe analysieren und prüfen, ständig kursierten neue Zahlen. Wie entrückt von der Lebenswirklichkeit muss man eigentlich als Manager sein, um die Sorgen und Ängste der Mitarbeiter nicht mehr nachempfinden zu können. Und es liegt doch auf der Hand, dass solch nebulöse Ankündigungen die Gerüchteküche im Unternehmen geradezu befeuern und die Arbeitsmoral untergraben, geschweige denn Leistungsträger mit Abwanderungsgedanken infizieren. Headhunter reiben sich über Manager mit mangelndem Fingerspitzengefühl genussvoll die Hände. Mit emotionaler Führung und Sozialkompetenz hat dies jedoch wenig zu tun!

Wenn Sie also auch noch morgen gute Mitarbeiter haben wollen, dann empfehle ich Ihnen Ihr Unternehmen zu einem Mitarbeiter-Wohlfühlcenter zu machen! Ja, Sie lesen richtig: MITARBEITER-WOHLFÜHLCENTER.

VIII.1 Der Hai auf dem Speiseplan des Karpfen

Noch einmal zurück zu Conti und Manfred Wennemer: Als sich im Sommer 2008 die kleinere und nicht börsennotierte Schaeffler-Gruppe aus Herzogenaurach unter dem Codenamen „Paul kauft Emma" listig mit Unterstützung der Banken den Zugriff auf Continental im Rahmen einer unternehmenstaktischen Meisterleistung verschaffte, wurde Wennemer ein Opfer seiner eigenen Politik. 11,4 Mrd. Euro hatte er ein Jahr zuvor kreditfinanziert für den Autozulieferer Siemens VDO bezahlt – der Aktienkurs ging in der Folge auf rasante Talfahrt; Conti mutierte selbst zum Übernahmekandidaten. Am Ende zahlte Schaeffler etwa 12 Mrd. Euro für Continental inklusive VDO, das alleine schon 11,4 Mrd. Euro gekostet hatte – welch ein Schnäppchen, wenigstens auf den ersten Blick! Der Karpfen hatte den Hai kurzerhand gefressen! Und Wennemer schäumte im Angesichte der zerfließenden Macht: Das Vorgehen der Franken sei „egoistisch, selbstherrlich und verantwortungslos!" Obwohl die Schlacht eigentlich frühzeitig entschieden war, versuchte Wennemer noch einen teuren Abwehrkampf zu organisieren; sogar von „Heuschrecken" als weiße Ritter berichtete die Wirtschaftspresse. Vor dem Hintergrund, dass selbst die Kunden beider Unternehmen die Übernahme begrüßten, kann man darüber spekulieren, wem Wennemer mit seinem Abwehr-Instrumentarium eigentlich nutzen wollte: Sollte da etwa jemand panische Angst vor einem Machtverlust haben? Und hatte er vielleicht als Vorstandsvorsitzender gar vergessen, dass er den Interessen des Unternehmens verpflichtet ist und nicht nur denen der Aktionäre. Freilich sollte diese Übernahme letztlich im Schatten der Finanzkrise noch einen bitteren Beigeschmack haben: Wegen der fallenden Aktienkurse und der exorbitanten Verschuldung beider Unternehmen sollten Conti und die Schaeffler-Gruppe Monate später selbst in arge Bedrängnis kommen. Und die öffentlich ausgetragenen Streitereien zwischen dem neuen Hauptaktionär und dem Conti-Management, die letztlich im Sturz des Aufsichtsratsvorsitzenden von Grünberg gipfelten, lassen für eine konstruktive Zusammenarbeit beider Unternehmen nichts Gutes erahnen.

Noch einmal zurück zu Manfred Wennemer, dessen Handeln bei Conti immer von einer klaren Ausrichtung auf den Aktienkurs und die Aktionäre geprägt war; unter dem Beifall der Börse wurde der knallharte Kostenkiller gefeiert. Und nun wurde er mit seinen eigenen Waffen geschlagen!

Zum Rücktritt von Manfred Wennemer im August 2008 sagte der IG-Metall-Bezirksleiter Hartmut Meine kühl: „Die Interessen der Beschäftigten wurden häufig mit Füßen getreten, insofern weinen die Arbeitnehmer Herrn Wennemer keine Träne nach!" Welch eine personalpolitische Ohrfeige: So möchte ich wirklich nicht aus einem von mir geleiteten Unternehmen verabschiedet werden.

Die Misere ist freilich in der schon mehrfach kritisierten Shareholder-Value-Politik zu suchen, da diese die Manager zu einer einseitigen Fokussierung auf schnelle Wertsteigerungen zwingt. Solange die Gehälter von Managern ausschließlich an Aktienkurse gekoppelt werden, ist es fast folgerichtig, dass deren Blick nur auf Kapitalmärkte, Aktionäre und Analysten gerichtet ist. Und die Mitarbeiter zu einer „lästigen" Verfügungsmasse degeneriert. So kann Management für eine neue Zeit nicht aussehen, wenn sich Unternehmen mit ihren Managern willenlos zum Spielball der Finanzmärkte machen.

Freilich gibt es auch Ausnahmen wie der zuletzt viel gescholtene Ex-Siemens-Chef Heinrich von Pierer, der gegen den Widerstand der Analysten an seiner Medizintechnik-Sparte trotz der Anfangsverluste eisern festhielt. Nicht die Analysten führten Siemens, sondern er als Vorstandsvorsitzender, stellte er einmal fest. Heute ist die Medizintechnik ein wichtiges Standbein für Siemens.

Zu welchen Perversionen Aktienoptionen, die Manager als Teil ihres Gehalts bekommen, führen können, zeigt das Beispiel von Daimler. Erst scheiterte der damalige Vorstandsvorsitzende Jürgen Schrempp kläglich mit seiner Vision der Welt-AG und dem Chrysler-Verlustgrab, mit dem er unfassbare Werte vernichtete. Als er seinen Hut nahm, goutierte das die Börse mit Kurssteigerungen – die Höchststrafe für einen Manager! Als sein Nachfolger Dieter Zetzsche die Scherben zusammen gekehrt und die Fehler seines Vorgängers korrigiert hatte, ging auch der Kurs der Daimler-Aktie wieder nach oben. Mitprofiteur durfte Jürgen Schrempp mit seinen Aktien aus seiner glücklosen Zeit als Vorstandvorsitzender sein.

Was könnte die Lösung für die Zukunft sein, um zum beschriebenen magischen Dreieck zurück zu kehren? Eine nachhaltige Unternehmenspolitik, die auf langfristige Strategien mit sozialen, ethischen und ökologischen Zielen setzt und sich von der einseitigen Anbetung der Aktionäre und Gesellschafter abwendet. Nun werden Sie argumentieren, dass die Gesellschafter besonders wegen ihrer Kapitalstellung wichtig sind. Richtig! Aber gerade mit einer langfristigen strategischen Denkweise, die Mitarbeiter motiviert und zu Höchstleistungen bringt, mit einem Wertekanon und auch mit dem Blick auf unsere Umwelt können zwangsläufig bessere Ergebnisse erzielt werden – freilich nicht nur kurzfristig! Ich bin im Übrigen sehr froh, dass gerade viele Mittelständler, die das Rückgrat der deutschen Wirtschaft bilden, dies längst erkannt haben.

Dies erfordert freilich auch neue Entlohnungssysteme für die Manager, die sich nicht ausschließlich am Ergebnis bzw. Aktienkurs ausrichten, sondern auch weiche Faktoren wie die Mitarbeiterführung und strategische Komponenten mit einbeziehen. Solche weichen Faktoren müssen für sinnvolle Zielvereinbarungen selbstverständlich messbar gemacht werden. Was für die Aufsichtsräte zwangsläufig mehr Arbeit und auch mehr Beschäftigung mit den Vorständen bedeutet. Management für eine neue Zeit heißt aber auch, dass die Aufsichtsräte ihre Komfortzone verlassen und mutig andere Wege gehen.

VIII.2 Verbannen Sie den Jahrmarkt der Eitelkeiten aus dem Unternehmen

> „Der Leader wohnt bei einer Expedition nicht im großen Zelt. Der Konzernchef sitzt nicht im obersten Stockwerk. Er ist einer unter vielen. Seine Stimme aber bewirkt mehr!" – Reinhold Messner

Unternehmen der Zukunft haben eine Seele; sie sind eine Gemeinschaft von Menschen, die sich gegenseitig respektieren, vertrauen und an einem gemeinsamen Ziel arbeiten. Strenge Hierarchien werden hier eher hinderlich sein; es geht vielmehr um die gemeinsame Aufgabenbewältigung in interdisziplinären Teams. Und den Managern kommt aufgrund ihrer Vorbildfunktion eine besondere Bedeutung bei der Schaffung dieses Mitarbeiter-Wohlfühlcenters zu. Statt sich – wie es heute in Chefetagen üblich ist – in intriganten Grabenkämpfen aufzureiben, sollte der Manager der Zukunft mehr denn je auf seine eigenen Werte achten. Nur wer selbst über Werte wie beispielsweise Respekt vor anderen, Ehrlichkeit, maßvolles Handeln und Auftreten, Wertschätzung für die Mitmenschen oder soziales Verantwortungsbewusstsein verfügt, kann eine positive Unternehmenskultur prägen und den Mitarbeitern ein Vorbild sein. Führungskräfte haben den Mitarbeitern und dem Unternehmen zu dienen und keinen Kult um die eigene Person zu pflegen; eine Chefetage sollte kein Jahrmarkt der Eitelkeiten sein, was leider häufig der Fall ist. Noch einmal: Wer keinen Respekt vor anderen Menschen hat, der sollte sich erst gar nicht auf einen Chefsessel setzen!

Es geht um die Vorbildfunktion des Vorgesetzten und es geht um die wahrhaftige Integrität. Was passiert wohl, wenn der VER.DI-Vorsitzende Frank Bsirske gegen Personalabbau – zu Recht – wettert und selbst bei seiner eigenen Gewerkschaft Menschen den Stuhl vor die Tür setzt? Und als Arbeiterführer instinktlos First-Class-Flüge als Lufthansa-Aufsichtsrat in die Südsee nutzt? Ein verheerendes Signal ist das, ein Wasser predigen und selbst Wein trinken. So eine Mentalität zerstört Vertrauen und untergräbt die Vorbildfunktion – und zwar irreparabel! Oder wenn sich Vorstände den kräftigen Schluck aus der Gehaltspulle gönnen und ihren Mitarbeitern Lohnzurückhaltung verordnen? Oder Bankmanager, die trotz Milliardenverlusten und Stützung durch den Staat auf ihre Prämien pochen?

Fast schon instinktlos und entfernt von jeglicher Realität mutet es an, wenn sich der ohnehin schon üppig entlohnte Bahnvorstand für den Börsengang eine weitere Zusatzprämie in möglicher Millionenhöhe zusichern lässt, andererseits die ICE-Flotte im Herbst 2008 wegen Sicherheitsproblemen außer Gefecht ist und – die Krönung des Ganzen – von den Kunden auch noch ein Bedienzuschlag eingefordert werden sollte. Wessen eigentliche Interessen beim Handeln des Bahn-Vorstands im Vordergrund stehen, lässt sich nur unschwer erahnen. Es scheint, als ob sich Hartmut Mehdorn in seinem Elfenbeinturm allmählich von jeglicher Lebenswirklichkeit verabschiedet hat. Es geht nicht darum, Vorständen ihre Gehälter nicht zu gönnen – Neidkomplexe dieser Art waren mir schon immer fremd. Es geht jedoch mittlerweile in den Chefetagen um das Verhältnis zwischen den Vorstandsgehältern zur übrigen Belegschaft, die eben gerade der Schlüssel für den Unternehmenserfolg ist.

„Noch vor zehn bis zwanzig Jahren verdiente ein Konzernchef etwa 20- bis 50-mal so viel wie seine Mitarbeiter. Daran hatte zu Recht niemand Anstoß genommen. Heute ist dieser Faktor auf zum Teil bis zu 400 explodiert. Und diese Explosion lässt die gesellschaftlichen Teilwelten immer weiter auseinanderdriften", wie Daniel Goeudevert, der frühere Volkswagen-Manager zutreffend feststellt.[31] Niemand kann tatsächlich 400mal so viel leisten wie die übrige Belegschaft. Nicht ohne Grund werden Aktienoptionen für leitende Mitarbeiter in den USA mittlerweile sogar schon als „Heroin für Mitarbeiter" gegeißelt.[32]

---

31 Goeudevert, D., Das Seerosen-Prinzip, Wie uns die Gier ruiniert, Dumont, 2. Auflage 2008

32 vgl. Goeudevert, D., a.a.O.

Solches Verhalten zersetzt die Moral im Unternehmen und torpediert die Leitwölfe – es entsteht Unternehmensverdrossenheit und zwar nachhaltig! Die Führung kann einpacken! Ich kann nur die Empfehlung geben, bei allem, was man von seinen Mitarbeitern fordert, sollte der Chef selbst mit bestem Beispiel an der Spitze der Bewegung vorangehen. Wer sparen will, sollte dies der Belegschaft zeigen – an seinen eigenen Privilegien und beispielsweise einen bescheideneren Dienstwagen fahren. Wer seiner Belegschaft Großraumbüros verordnet, sollte sich mit seinen Kollegen aus der Geschäftsleitung ebenfalls in solche setzen. Eben einer wahrhaftigen Vorbildfunktion gerecht werden! Nur das schafft Glaubwürdigkeit und Integrität! Und diese sind angesichts des erodierenden Werteverfalls in unserer monetären Giergesellschaft, die im Herbst 2008 ihren Niedergang in der Kernschmelze der Finanzmärkte ihre Grenzen aufgezeigt bekam, dringender notwendig denn je. Es mutet mittlerweile wie ein schlechter Witz an, wenn die Volkswagen-Aktie von einem Tag auf den anderen um über 1000 Prozent ohne ersichtlichen wirtschaftlichen Grund zulegt, nur weil Spieler sich mit Leerverkäufen ordentlich verzockt haben. Und es schmerzt regelrecht, wenn vormals Banken und ihre Manager Millionen über Millionen „eingesackt" haben, mit immer neuen Derivaten sich an der Gierspirale hochgeschraubt haben, um danach wie Ikarus, der bekanntlich der Sonne bei seinem Höhenflug zu nahe kam, jäh abzustürzen und nun die Verluste auf Kosten der Steuerzahler sozialisieren. Auch wenn die weltweit milliardenschweren Finanzspritzen fraglos zur Stabilisierung unseres Finanzsystems politisch und wirtschaftlich ohne jede Alternative waren, so wird dieses Geld morgen für Bildung, Umweltschutz aber auch für die Ärmsten in dieser Welt fehlen. Es ist diese kalte Rücksichtslosigkeit und mangelnde Sozialkompetenz von so genannten Leistungsträgern, die mich erschaudern lässt und die das ganze System in Misskredit bringt. Der Erzbischof von München und Freising, Reinhard Marx, fordert völlig zu Recht, dass die Wirtschaft nach ethischen Prinzipien gestaltet werden muss, ohne dass der Markt einfach außer Kraft gesetzt wird. Marx hält in einem Spiegel-Interview einen Kapitalismus ohne ethischen und rechtlichen Ordnungsrahmen für menschenfeindlich. Er fordert wieder das Stellen der einfachen Fragen: Was dient dem Menschen? Wie bekommt er Arbeit, wie Ausbildung? Ich kann dieser Schlussfolgerung aus der Finanz- und Bankenkrise nur zustimmen. Menschen müssen wieder Vorrang vor der grenzenlosen und zerstörerischen Gier Einzelner haben.

„Glaubwürdigkeit gewinnt man nicht durch reden, Glaubwürdigkeit gewinnt man ausschließlich durch Handeln!"

Und nun sind Sie wieder an der Reihe. Schreiben Sie jetzt die Werte auf, die Ihnen wichtig sind! Die Sie Ihren Mitarbeitern tagtäglich vorleben wollen und werden!

....

....

....

....

....

....

....

....

....

....

....

IX DAS BESSERE IST DER FEIND DES GUTEN

„Change – yes we can!" – Barack Obama, 44. amerikanischer Präsident

Nicht erst seit der Finanzkrise und den massiven Verschiebungen der Weltwirtschaft durch die Globalisierung lastet auf den Unternehmen weltweit ein gigantischer Veränderungs- und Anpassungsdruck. Und dieser wird in den nächsten Jahren sogar noch zunehmen. Das einzige, was noch beständig bleibt, ist die Veränderung. Und wer sich nicht verändern will, der wird durch die Kräfte des Marktes einfach verändert – im schlimmsten Fall bis zum Verschwinden. Wer sich nicht wandelt, der wird ganz einfach gewandelt! Während Sie diese Zeilen lesen, greift irgendwo auf diesem Planeten irgendjemand, den Sie möglicherweise noch überhaupt nicht kennen, Ihr Unternehmen bereits an: mit einer revolutionären Idee, mit einem neuen Produkt, mit einem besseren Geschäftsmodell oder einfach mit einem konkurrenzfähigeren Marktpreis. Wirtschaft ist Krieg in anderer Form und dies bedeutet für das Management heute sich jeden Tag zu wappnen, Angriffe abzuwehren oder besser: ständig in der Offensive bleiben und das Spiel zu bestimmen und zu diktieren. Wie beim Fußball – kontrollierte Offensive mit druckvollem Pressing.

Die wirkungsvollste Waffe bleibt für die Manager Veränderungsmanagement. Unter den Begriff Change Management kann man sämtliche Aktivitäten eines Unternehmens subsumieren, die mit der Initiierung und Umsetzung von neuen oder veränderten Strategien, Strukturen, Prozessen oder Kulturen in einer Organisation in Zusammenhang stehen. Der oben beschriebene Wandel wird dabei als permanenter Prozess sowie als Gestaltungs- und Erfolgsfaktor begriffen. Die vielfältigen Auslöser („trigger points") für Change Management zeigt das folgende Schaubild:

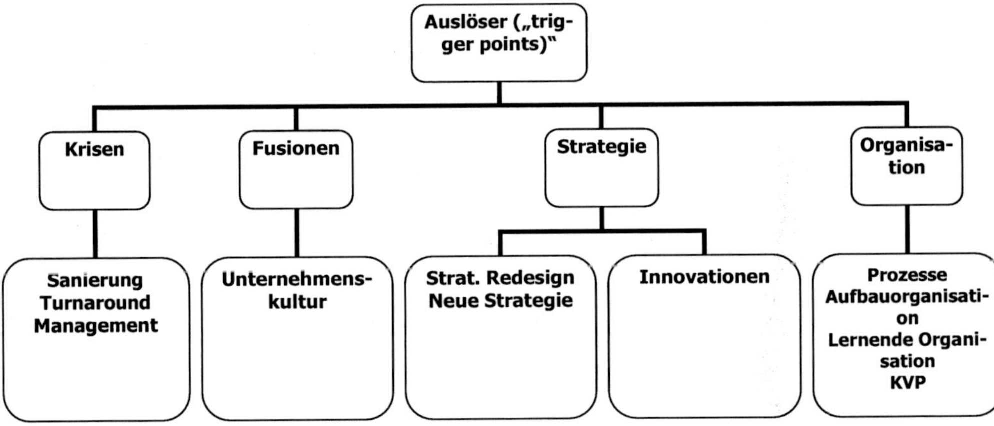

Der Pionier des Change Managements, Kurt Lewin, entwickelte in den vierziger Jahren im Rahmen der Organisationstheorie das so genannte Phasenmodell:

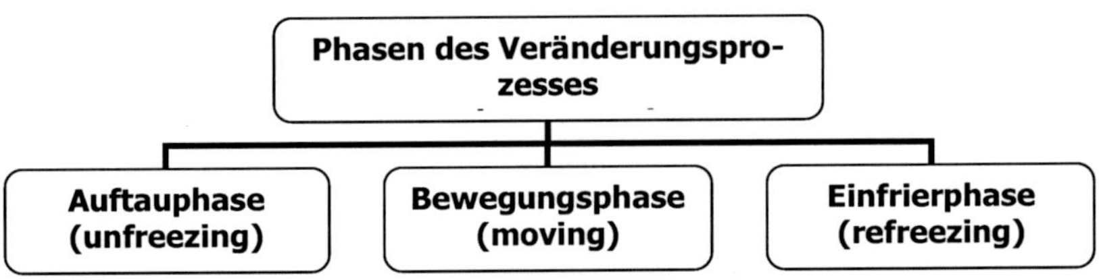

Am Beginn eines jeden Veränderungsprozesses steht zuerst einmal die Einsicht, dass die Erwartungen nicht mehr der Realität im Unternehmen entsprechen, wobei das bisherige Verhalten durch das Management in Frage gestellt wird getreu dem Motto: „Das Bessere ist der Feind des Guten!" Es zählt in dieser Phase zu den Kernaufgaben des Managements, Bereitschaft im Unternehmen für notwendige Veränderungen zu wecken. Wenn Lewin insoweit von einem „unfreezing" spricht, so ist damit das Auftauen des bestehenden (also „eingefrorenen") Zustandes im Unternehmen zu verstehen.

Die Hauptarbeit des Change Managements vollzieht sich dann in der zweiten Phase, dem so genannten „moving". Nun wird alles in Bewegung gebracht, der nicht zufrieden stellende Status Quo verlassen, es wird nach Lösungen und neuen Verhaltensweisen gesucht, idealer weise mit Projektgruppen.

Ist dieser umfassende Schritt dann zufrieden stellend abgearbeitet worden, dann tritt die Phase drei in Kraft, das „refreezing", das den vorläufigen Abschluss des Change Management markiert, in dem die gefundenen Lösungen und Veränderungen nunmehr eingefroren werden; mithin also der Veränderungsprozess gewissermaßen stabilisiert werden soll. Was sich auf den ersten Blick als ausgesprochen schlüssig darstellt, stößt in der praktischen Umsetzung meist auf erhebliche Probleme, die die angestoßenen Change Prozesse jäh scheitern lassen, wobei die größte Gefahr eigentlich von den eigenen Mitarbeitern ausgeht.

Ganz abgesehen davon, dass Mitarbeiter häufig kein Vertrauen in die Entscheidungen des eigenen Managements haben, spielt dabei die entscheidende Rolle, dass Menschen dem Grunde nach „Gewohnheitstiere" sind, die nur ungern die lieb gewonnene Komfortzone verlassen und Veränderungen erst einmal als Bedrohung auffassen. Was bedeutet dieser Wandel für mich und meinen Arbeitsplatz? Verliere ich ihn gar? Komme ich mit einer möglichen neuen Tätigkeit zurecht? Wie finde ich mich in der Hierarchie der neuen Organisation wieder? Diese Angst vor Veränderung führt bei den Mitarbeitern zu Verunsicherung, zu einer Haltung des Abwartens oder in extremeren Fällen zur Blockade oder gar zur inneren Kündigung.

Bei einem Veränderungsprozess unterteilen sich die Mitarbeiter gewöhnlich in drei Gruppen: 20% fallen unter die Kategorie „Begeisterte und Mitmacher", 60% sind unentschlossene und zurückhaltend abwartende „Zögerer" und 20% zählen zur Gruppe der „Beharrer" und „Verhinderer". Damit der Change Prozess zu einem Erfolg wird, ist es die wichtigste Aufgabe des Managements die Mitarbeiter mitzunehmen und von der Richtigkeit des eingeschlagenen Wegs zu überzeugen. Absolut entscheidend ist insoweit die Kommunikation im Unternehmen. Erfolgreiche Change Manager informieren ihre Mitarbeiter rechtzeitig und vor allen Dingen laufend und erklären Ihnen umfassend die Notwendigkeit für den Change Prozess sowie dessen Zielsetzung; wichtig ist hierbei die Formulierung einer Vision mit zugehöriger Strategie. Der Betriebsrat sollte von Anfang an im Sinne einer vertrauensvollen Zusammenarbeit einbezogen und im Verlauf des Prozesses konstruktiv beteiligt werden. In der Umsetzungsphase, dem „moving", sollten die Mitarbeiter mit Selbstverantwortung und entsprechenden Freiräumen in den Projektgruppen gestalten können. Und die Chefs packen bei der Umsetzung mit hoch gekrempelten Ärmeln sichtbar mit an – Leading from the front line! Über ein straffes Projektmanagement wird der Veränderungsprozess druckvoll vorangetrieben; Zwischenergebnisse fortlaufend kommuniziert, Erfolge auf dem Weg zum Ziel gemeinsam gefeiert, aber auch Rückschläge und Niederlagen den Mitarbeitern nicht verschwiegen. Das oberste Gebot bleibt die Ehrlichkeit, aber auch ein fairer Umgang mit möglichen Verlierern aus dem Mitarbeiterkreis. Die prägnante Formel lautet REDEN, MITNEHMEN, EHRLICHKEIT UND HANDELN! Nur so wird es Ihnen gelingen, den Flaschengeist in Ihrem Unternehmen oder in Ihrer Organisation zu entkorken und die Mitarbeiter für den Wandel zu gewinnen. Vereinfacht gesagt besteht die Herausforderung für das Management darin, die 60% zögerlichen und zurückhaltenden Mitarbeiter für den neuen Weg zu begeistern und zu gewinnen. Aber ebenso wichtig ist es, die 20% Beharrer und Verhinderer im Auge zu behalten, dass von ihnen keine zersetzenden und demoralisierenden Kräfte zum Scheitern des Prozesses ausgehen. Allein mit einer offenen und nachhaltigen Informationspolitik ist sicher bereits ein ganz wichtiger Schritt zum Gelingen des Projekts getan, zumal auf diese Weise den Gerüchteküchen der Nährboden entzogen wird. Es wird sich häufig dennoch nicht vermeiden lassen, dass die größten Störenfriede und Change-Torpedos aus dem Unternehmen entfernt werden müssen. Zur abschließenden Verdeutlichung, warum richtige Kommunikation über Erfolg oder Misserfolg beim Change Management entscheidet, noch ein paar Zahlen aus einer Emnid-Umfrage aus dem Jahr 2000: Demnach ist der Erfolg von Fusionen bedroht, weil Mitarbeiter zu spät integriert werden (87%) und eine zu späte, schlechte, fehlerhafte bzw. unvollständige Informationsvermittlung stattfindet (81%).

Mit dem folgenden Schaubild soll der erfolgreiche Ablauf eines Change Managements noch einmal zusammenfassend skizziert werden:

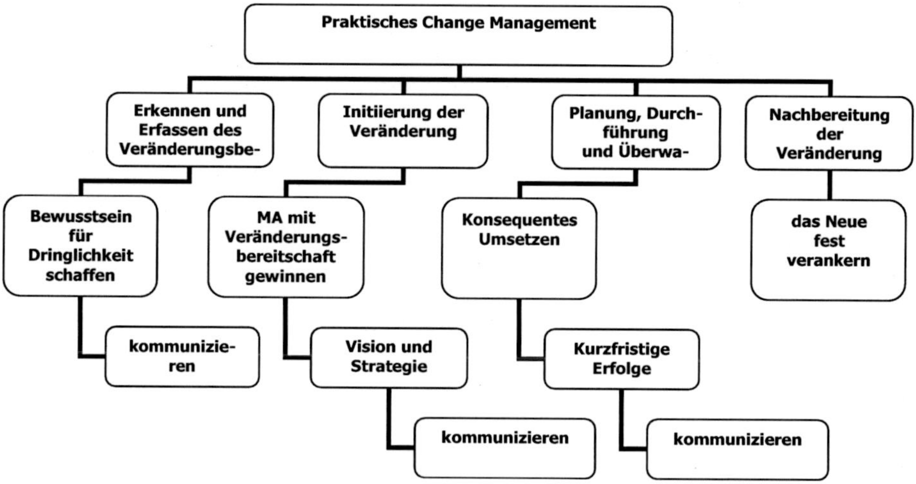

Ein äußerst erfolgreicher Change Manager war übrigens für ein Millionenpublikum in aller Welt im Sommer 2006 zu besichtigen: Bundestrainer Jürgen Klinsmann, der Vater des Sommermärchens, holte den deutschen Fußball aus seiner Depression und führte ihn wieder an die Weltspitze. Was Manager von Klinsmanns Methoden lernen können, hat Wolfgang Jennewein, Studienleiter des Executive-MBA-Programms der Universität St. Gallen und Dozent für Führung und Marketing, anhand einer gründlichen Analyse seines Führungsstils herausgearbeitet.[33] Auf der Makroebene identifizierte Jennewein sechs Schritte eines erfolgreichen Change Managements: Gefühl der Dringlichkeit schaffen, starke Führungskoalitionen etablieren, Vision und Strategie entwickeln und kontinuierlich kommunizieren, Eigendynamik ermöglichen und umfassende Handlungsfreiheit einräumen, sichtbare Erfolge erzielen und sichern sowie die neuen Ansätze im Alltag verankern. Auf der Mikroebene bescheinigte er Klinsmann den „4i-Führungsstil": identifizierend, inspirierend, intellektuell und individuell:

33 Jennewein, W.: Das Klinsmann-Projekt, in: Harvard Business Manager, Juni 2008, S. 18-28

Führungsstil	Identifizierend	Inspirierend	Intellektuell	Individuell
Vorgehen	Vermitteln Sie Enthusiasmus. Wirken Sie als Identifikationsperson. Handeln Sie zu jedem Zeitpunkt integer u. authentisch. Stellen Sie sich auch in Krisenzeiten schützend vor Ihr Team.	Motivieren Sie die Mitarbeiter über eine fesselnde Vision. Versuchen Sie nicht, Aufgaben zu verkaufen, sondern den Beitrag und die Bedeutung jedes Einzelnen für das Gelingen des Projektes aufzuzeigen.	Regen Sie Ihre Mitarbeiter immer wieder geistig an. Sie werden so Ideen und Innovationen zurück bekommen. Brechen Sie etablierte Denkmuster auf, indem Sie auch unkonventionelle Wege gehen.	Analysieren Sie Stärken und Schwächen Ihres gesamten Teams, um Mitarbeiter Stärken orientiert einzusetzen und zu entwickeln. Behandeln Sie jeden Ihrer Mitarbeiter individuell und vermitteln Sie Ihnen Selbstvertrauen.
Selbstcheck	„Würden Ihnen Ihre Mitarbeiter auch folgen, wenn man Ihnen Ihren Titel und Status wegnähme?“	„Kennen Ihre Mitarbeiter zu jeder Zeit das übergeordnete Ziel ihres Tuns und ihren konkreten Beitrag dafür?“	„Sind Sie eher ein autoritär anordnender oder ein partizipativ fragender Chef?“	„Sind Sie ad hoc in der Lage, für jeden Ihrer Mitarbeiter dessen drei größte Stärken und seine Werthaltung zu benennen?“

Die 4i der Führung bei Change Projekten 1[34]

34 Jennewein, W.: Das Klinsmann-Projekt, a.a.O.

X KREATIVITÄT – ODER WIR FACKELN EINFACH DEN HEUHAUFEN AB

„Phantasie ist wichtiger als Wissen, denn Wissen ist begrenzt" – Albert Einstein

Nachdem wir uns bisher ausführlich mit der andersartigen Mitarbeiterführung beschäftigt haben, möchte ich mich nun der Förderung der Kreativität zuwenden. Es geht mir in diesem Kapitel weniger um die Vermittlung von Kreativitätstechniken, wenngleich ich in Grundzügen darauf eingehen werde, vielmehr möchte ich mich mit der Frage beschäftigen, wie Sie die Kreativität in Ihrem Unternehmen, in Ihrem Bereich oder in Ihrer Abteilung nachhaltig steigern können. Kreativität ist heute lebensnotwendig für Organisationen – sie ist der Nährboden für Innovation, für neue Produkte, für pfiffige Werbung und für clevere Dienstleistungen.

X.1 Die verflixte 13

„Das Wesen des kreativen Prozesses ist das Vertraute als fremd zu betrachten"

Lassen Sie uns mit einer Aufgabe beginnen.
Was ist dreizehn geteilt durch zwei?

Sie werden sofort 6,5 oder 6 ½ antworten und sich möglicherweise mit dieser Lösung begnügen. Wie die meisten Menschen – wir reproduzieren Wissen (hier Mathematik) und hören dann auf nach weiteren Lösungen zu suchen. Aber könnte die Lösung nicht auch so aussehen: 1|3 oder so X|III oder so drei|zehn. Oder so wie mir einmal ein Bewerber in einem Vorstellungsgespräch geantwortet hat: ein halber Ballack (Michael Ballack trägt die Rückennummer 13 bei der Fußball-Nationalmannschaft). Sämtliche Lösungen wären vertretbar – das ist mit Kreativität gemeint; nicht sofort bei der ersten Variante aufzuhören, sondern weiter nachzudenken.

Und eben genau dieses „Weiterdenken“ unterscheidet kreative Menschen von anderen – in der Regel gelangt man auf diese Weise zu mehreren und vor allem auch ungewöhnlichen Lösungen, welche Genialität erst möglich machen. Hätte Einstein nur reproduzierend und nicht genial gedacht, die Relativitätstheorie wäre (zumindest zu seiner Zeit) nicht entstanden. Einstein wurde einmal gefragt, welcher Unterschied zwischen einem normalen Menschen und ihm bestünde. Seine Antwort war: Ein normaler Mensch, der eine Nadel in einem Heuhaufen finden soll, beendet seine Suche, sobald er die Nadel gefunden hat. Er jedoch würde den ganzen Heuhaufen weiter durchwühlen, um nach allen darin möglicherweise versteckten Nadeln zu suchen. Oder anders ausgedrückt: Kreative „fackeln“ gleich den Heuhaufen ab, um alles zu finden!

> „In jedem Menschen steckt etwas von einem ermordeten Mozart“ –
> Antoine de Saint-Exupery (1900 – 1944), frz. Schriftsteller
> und Flieger

Auch wenn viele Menschen diesen Grundsatz in Zweifel ziehen wollen: Jeder kann kreativ sein – diese Fähigkeit steckt in uns allen und zwar von Geburt an. Leider verlernen viele mit dem Erwachsenwerden diese Fähigkeit. Kreativität beinhaltet die Lust am Spielerischen: Gerade an Kindern kann man während des Spielens kreative Prozesse sehr schön beobachten. Kreativität muss aber ähnlich wie unsere Muskulatur ständig trainiert werden, damit sie uns erhalten bleibt. Es ist schon förderlich, wenn Sie einmal pro Woche irgendetwas ausprobieren, das Sie bislang noch nicht gemacht haben oder vielleicht auch nie tun möchten, zum Beispiel als Popmusikfan eine Oper besuchen oder als Mann eine typische Frauenzeitschrift lesen oder morgens einfach mit dem anderen Fuß aus dem Bett steigen.

Schreiben Sie gleich mal auf, was Sie in den nächsten zwei Monaten alles ausprobieren und verändern möchten:

....

....

....

....

....

....

....

Damit trainieren Sie die Koordination Ihrer beiden Gehirnhälften. Während die linke Seite unter anderem für rationale Aufgabenerledigung wie Zahlen, Struktur, Analyse und Sprache zuständig ist, ist die rechte Gehirnhälfte das Kreativzentrum für Phantasie, Gefühle und die Kunst; genau diese Seite gilt es zu stimulieren, damit eingefahrene Denkbahnen auch verlassen werden können.

Nähern Sie sich dem Thema doch einfach spielerisch mit „dem unzerbrechlichen Ei".

Geben Sie bei Ihrem nächsten Meeting den Teilnehmern jeweils ein rohes Ei, Klebstoff, Bindfaden, Pergamentpapier, ein paar Luftballons und eine Schere. Die Aufgabe besteht dann darin, dass dieses rohe Ei so aus dem ersten Stock geworfen wird, dass es nicht zerbricht. Sie werden staunen, zu welchen Konstruktionen Ihre Mitarbeiter fähig sind. Schon einmal viel Spaß!

X.2 Das Kamelrätsel

Noch eine kleine Denksportaufgabe zur Befeuerung Ihrer Kreativität:

> *Ein reicher Araber hinterließ seinen drei Söhnen siebzehn Kamele. In seinem Testament stand zu lesen: „Der Älteste soll die Hälfte bekommen, der Zweitälteste ein Drittel und der Jüngste ein Neuntel meines Vermögens."*
>
> *Und so zerbrachen sich die drei Söhne verzweifelt den Kopf ob dieser unlösbaren Aufgabe. Wie sollten sie teilen, ohne einige Kamele zu zerstückeln?*
>
> *Da kam ein weiser Mann auf seinem Kamel daher geritten und hörte die verzweifelten Brüder an. „Alles ist möglich!" rief er, „ihr müsst nur mit den alten Regeln brechen." Er stellte sein Kamel zu den siebzehn und sprach: "Jetzt sind es achtzehn Kamele. Der Älteste soll die Hälfte bekommen, das sind neun. Der Zweitälteste soll ein Drittel erhalten, das sind sechs Kamele. Dem Jüngsten steht ein Neuntel zu, was zwei Kamele ausmacht. Sind zusammen siebzehn Kamele und so bleibt meines übrig." Sprach`s, stieg auf sein Kamel und ritt davon!*[35]

Spaß macht Kreativität allemal, wenn man auf seine schöpferischen und gestalterischen Fähigkeiten vertraut. Ich war selbst sehr erstaunt, als ich in meinem letzten Unternehmen die gesamte Führungsmannschaft mit Kreativitätstechniken konfrontierte. Selbst konservative Führungskräfte, die sonst alles in Frage stellten und Neuerungen gegenüber immer mit einer Portion Skepsis begegneten, tauten schnell auf und hatten großen Spaß am Experimentieren. Damit Kreativitätstechniken richtig eingeübt und dann auch entsprechend im Unternehmen verankert werden können, ist es jedoch unabdingbar, dass Sie sich und Ihre Mitarbeiter bei diesem Prozess extern durch Kreativagenturen (z.B. www.avenue.de) begleiten lassen. Kreativitätstechniken müssen erlernt werden!

Es reicht allerdings nicht, einmalig ein Kreativ-Strohfeuer abzubrennen und dann darauf zu hoffen, dass Ihr Unternehmen über Nacht zur Ideen-Werkstatt mutiert, vielmehr ist es notwendig, bei jeder sich bietenden Gelegenheit die Kreativitätstechniken zu üben.

---

35 aus Beyer, G. und M., Innovations- und Ideenmanagement, Econ, 1994

Nur durch Nachhaltigkeit können dauerhaft Veränderungen erreicht werden.

Also: In jedem Meeting wird zur Problemlösung mindestens bei einem Tagesordnungspunkt ein kreativer Prozess in Gang gesetzt.

X.3 Das Vakuum für Ihre Birne

Wie schafft man es nun eigentlich kreativ zu sein? Welche Rahmenbedingungen sind hierzu erforderlich? Gute Gedanken sind wie Wolken; sie kommen plötzlich und ziehen vorbei, wenn sie nicht festgehalten werden. Meistens haben wir die besten Einfälle dann, wenn wir unvorbereitet sind oder diese nicht erwarten: Beim Joggen, unter der Dusche oder beim Autofahren. Deshalb ist es wichtig, immer ein kleines Notizbuch oder ein Diktiergerät bei sich zu führen, damit diese Gedanken und Einfälle auch festgehalten werden können.

Kreative Ideen kann man nicht einfach auf Kommando „herbeizaubern". Wer sich in seinem Büro vornimmt, jetzt und sofort kreativ zu sein, wird wahrscheinlich verkrampfen und kläglich scheitern. Kreativität erfordert einerseits spielerische Elemente, andererseits Inspiration und Intuition. Es geht darum, das „normale" rationale Denken auszuschalten, was im Übrigen auch ein zentraler Gedanke des japanischen Zen-Buddhismus ist. „Zen-Buddhisten sind zwar überzeugt, dass der Mensch ein denkendes Wesen ist, aber auch davon, dass alle wichtigen Werke vollbracht werden, wenn der Mensch nicht rechnet und denkt. Sie gehen davon aus, dass es drei Wissensarten gibt. Einmal dasjenige, was man gehört oder gelesen hat, dann, was man selbst beobachtet, erfahren oder analysiert hat und schließlich das intuitive Begreifen, das schneller ist als die ersten beiden und zu einem spontanen Erkennen führt". [36]

Das Ziel ist demnach, einen leeren Geisteszustand herbeizuführen, der Logik und das rationale Denken ausschaltet; eben ein Vakuum in der Birne! Nicht aktiv zu suchen, sondern sich einfach den Gedanken hingeben, ausliefern, sich treiben lassen, loslassen. Der Zustand kann durchaus mit Meditation verglichen werden!

---

36 Bock, P., Die Kunst seine Berufung zu finden, Scherz, 2005

Ich habe persönlich die Erfahrung gemacht, dass, wenn ich mich bewege (egal ob beim Lauftraining oder beim Spaziergang), meine Gedanken besonders gut fließen und ich die besten Einfälle und Ideen habe.

X.4 Von der Legehennenbatterie zum Bodhi-Baum

Gautama Siddartha hatte vieles ausprobiert, um sein Leiden zu überwinden, aber nichts konnte und wollte ihn zufrieden stellen. Da erinnerte er sich, wie er als Kind, unter einem schattigen Baum sitzend, vollkommenes Glück empfunden hatte. Auf der Suche nach dem Weg zu seinem inneren Frieden kam Buddha schließlich in die Nähe von Uruvela, wo er ein bezauberndes Stückchen Erde mit einem schönen Wald und einem klaren Fluss vorfand. Mehr brauchte Buddha nicht für seine Übungen. So ließ er sich für seine Erleuchtung in dieser für ihn angenehmen Landschaft am Fuße eines Baumes nieder.

„Man kann einen Menschen mit einem Büroraum genau so töten wie mit einer Axt" – leichte Abwandlung eines Zitats von Heinrich Zille (1858-1929), deutscher Zeichner

Das Entstehen von Kreativität benötigt unverzichtbar eine Umgebung, in der sich die Mitarbeiter wohl fühlen. Keine sterilen Großraumbüros, die an Legehennenbatterien erinnern. Keine tristen Bürocontainer, keine Abstellkammern, die von Unternehmern gerne Arbeitsplätze genannt werden. Kreativität braucht wie Pflanzen einen Nährboden: Dünger und Licht. Ja L-i-c-h-t! Wählen Sie den besten und angenehmsten Ort in Ihrem Firmengebäude als Kreativraum aus und schaffen Sie sich dort Ihre Ideeninsel! Licht durchflutet und mit einem „warmen" Farbanstrich. Keine nüchternen weißen Wände; vielleicht orange oder gelb. Lassen Sie einfach Ihre Mitarbeiter entscheiden, denn diese sollen sich in der Ideeninsel wohl fühlen. Gerade die Wirkung von Farben auf unsere Emotionen sollten wir nicht unterschätzen. Eine gemütliche Sofaecke sollte genauso wenig fehlen, wie die Möglichkeit, seine Lieblingsmusik abzuspielen. Ätherische Öle, die bei Kreativprozessen stimulierend wirken können, gehören ebenfalls zur Grundausstattung. Alternativ könnte der Kreativraum auch nach Feng Shui gestaltet werden.

Die Ideeninsel zwingt die Mitarbeiter gewissermaßen dazu, einen anderen „Stand-Punkt“ einzunehmen, das vertraute Büro zu verlassen und dadurch einen Perspektivwechsel vorzunehmen, der gerade für veränderte Sichtweisen erforderlich ist. Wie hat der Vorstandsvorsitzende von Daimler, Dieter Zetsche, auf die Frage des Spiegels, was er aus neun Jahren Welt AG gelernt habe, so schön gesagt: “Vielleicht, dass man immer seinen Standpunkt in Frage stellen sollte.“

X.5 Chancentod und Risikofetischist

Die meisten Manager checken zuerst alle möglichen Risiken ab, bevor sie Chancen und Potentiale überhaupt erkennen wollen. Meist sind die Chancen „chancenlos“, weil die Risiken eine neuartige Idee bereits im Keim erstickt haben. Manager mutieren so zu den modernen Henkern der Innovation. Ich habe mich schon immer gefragt, warum die Unternehmen eigentlich nur ein Risikomanagement, aber kein Chancenmanagement haben.

Deshalb: Richten Sie in Ihrem Unternehmen gleich morgen ein Chancenmanagement ein!

Gerade die Armee der Bedenkenträger in unseren Unternehmen ist verantwortlich dafür, dass Kreativität und Innovation ausgerottet werden. Ich weiß aus vielen Gesprächen mit besonders engagierten Mitarbeitern, dass nichts schädlicher ist, als ein Vorgesetzter, der Ideen sofort auf Risiken abklopft und dann im Keim erstickt. Einem solchen Chef werden die Mitarbeiter keine Vorschläge mehr präsentieren – warum auch? Manche werfen nach mehreren Risikochecks schließlich entnervt das Handtuch und kündigen. Sie sehen in ihrem Engagement einfach keine Sinnhaftigkeit mehr.

Um nicht falsch verstanden zu werden: Ich will hier kein Plädoyer für eine fehlende Risikobetrachtung abgeben; es geht mir lediglich darum, dass immer (!) zuerst die Chancen einer Idee abgeprüft werden. Das ist eine völlig andere Herangehensweise, die zu besseren

Ergebnissen führt und die Mitarbeiter motiviert, weiter an der Entwicklung des Unternehmens mitzuarbeiten. In einem zweiten Schritt können dann die Risiken und Probleme aufgezeigt werden, um danach zu prüfen, wie diese möglicherweise beseitigt oder – noch besser - in Chancen umgewandelt werden können. Wer so vorgeht, ist kein Ideen-Totmacher, sondern ein Manager, der die Kreativität seiner Mitarbeiter fördert.

> „Traue keinem Fachmann, der sagt, das mache er seit zwanzig Jahren so. Es könnte sein, dass er es seit zwanzig Jahren falsch macht!"
> – Kurt Tucholsky

Erfolgreiche Kreativität erfordert ferner die Ausschaltung der so genannten „Killerphrasen", die verbalen Angriffe auf neue Gedanken: „Das funktioniert doch sowieso nicht", „ja, aber...", „das haben wir doch immer so gemacht", „das hat schon einmal nicht geklappt" usw. Es ist wesentlich leichter, ein zartes Pflänzchen (die Idee) totzutreten als es mühevoll mit Argumenten groß zu ziehen. Gerade Sie als Manager können sehr viel dazu beitragen, dass Ihr Unternehmen zu einem Gewächshaus der Ideen wird, bei dem die Pflänzchenzertreter draußen bleiben müssen. Ich hatte schon einmal bei den Meetings darauf hingewiesen: Wenn jemand eine Idee vorbringt, hat die erste Wortmeldung danach diese Idee zu unterstützen. Die Ideentorpedos, die in der Regel unsachlich und auch abwertend sind, können auf diese Weise nicht abgefeuert werden; es entwickelt sich eine konstruktivere Diskussion und der Ideenlieferant wird nicht seines Mutes beraubt, weitere Ideen zu liefern.

X.6 Von der Phantasielosigkeit zur Ideenfabrik

„Jede Tätigkeit, jede Arbeit ist ein Prozess" – Ph. B. Crosby, Vordenker im Qualitätsmanagement

Die systematische Produktion von Ideen folgt einem bestimmten Prozessablauf, um letztlich zu Innovationen zu gelangen. Dabei wird der Kreativprozess in einzelne Schritte zerlegt, die aufeinander aufbauen.

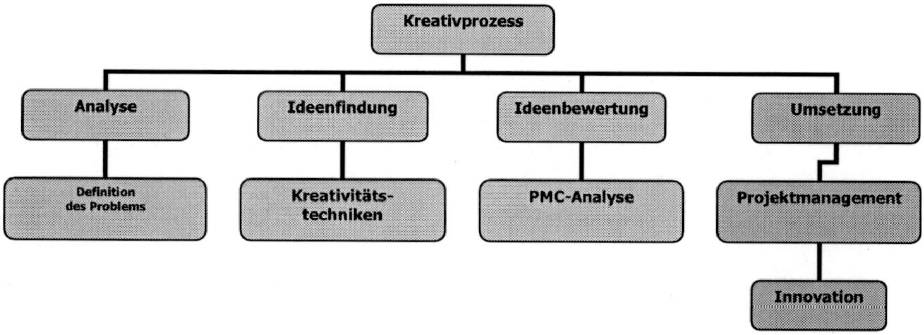

Zu Beginn des Kreativprozesses ist es unerlässlich, dass das eigentliche **Problem analysiert** und dann die **Fragestellung gemeinsam definiert** wird. Erst dann kann mit dem eigentlichen Ideenfindungsprozess begonnen werden. Typische Fragestellungen können sein: Welchen Namen soll unser neues Produkt bekommen? Wo wollen wir in fünf Jahren stehen? Wie können wir unseren Kundenservice entscheidend verbessern? Mit welchen neuen Dienstleistungen wollen wir morgen unser Geld verdienen?

Wenn die Fragestellung eindeutig definiert ist, kann der Kern-Kreativitätsprozess, die gemeinsame **Ideenfindung**, beginnen. Als Manager sollten Sie sich vorab intensiv mit der personellen Zusammensetzung des „Kreativkreises" beschäftigen. Diese ist der entscheidende Erfolgsfaktor, damit ein wahrer Ideensturm entsteht. Wichtig ist in der Ideenfindungsphase, dass möglichst viele Ideen produziert, aber keinesfalls zu diesem Zeitpunkt bewertet werden. Jede Bewertung würde den Kreativprozess empfindlich stören, weil Spontaneität und Intuition der Ratio weichen müssten; die linke

Gehirnhälfte würde wieder schnell das Kommando an sich reißen. Es gilt der Grundsatz: Quantität vor Qualität! Bewertet wird nachher in der dritten Phase.

Schrecken Sie bei der Zusammensetzung Ihres Teams nicht davor zurück, externe Querdenker, z.B. Studenten oder freie Mitarbeiter, die branchenfremd sind, mit einzubinden. Die Firma Brainstore AG (www.brainstore.com) praktiziert dies seit vielen Jahren höchst erfolgreich, so dass sie mittlerweile Unternehmen wie BASF, Siemens, Henkel, BMW oder Media Markt zu ihren Kunden zählen kann. Brainstore hat sich auf die Fahnen geschrieben, Ideen für Unternehmen zu produzieren. Begonnen hatte alles mit einem Aufeinandertreffen von unbekümmerten Jugendlichen und Managern, die sich gegenseitig mit Informationen aus der „anderen Welt" inspirierten. Diese ungewöhnliche Konstellation aus frischen und ideenschwangeren jungen Leuten und den erfahrenen, arrivierten Managern schien eine wahrhaft explosive Mischung für die Produktion von außergewöhnlichen Ideen. Darauf basiert das Geschäftsmodell von Brainstore, einer systematischen Ideenmaschine, deren Produkte so genannte Ideenpakete sind. Das Besondere dabei: Eine ungewöhnliche Mischung aus Chaos und Struktur, die die Kunden fasziniert. Bei Brainstore arbeiten Balletttänzer und Konditoren ebenso wie Experten mit mehreren Hochschulabschlüssen. Und genau diese Mischung ist das Erfolgsrezept: Der Fachmann ist häufig betriebsblind und benötigt die unbekümmerte „Befruchtung" von außen. Und Brainstore beweist noch etwas: Ideen lassen sich systematisch wie in einer Fabrik generieren.

Was folgt daraus für Sie als Unternehmer? Stellen Sie hin und wieder Leute ein, die Sie eigentlich auf den ersten Blick gar nicht brauchen. Querdenker eben – die modernen „Hofnarren" im Unternehmen. Und stellen Sie diese unter „Artenschutz"! Bilden Sie einen Schutzwall um sie; Ihre ganz persönliche chinesische Mauer im Unternehmen für Kreative! Nicht selten habe ich beobachtet, dass gerade kreative Mitarbeiter besonders misstrauisch im Kollegenkreis beäugt wurden, bis hin zur Ausgrenzung. Zeigen Sie offen, wie wichtig diese Kreativköpfe für das Unternehmen sind. Ich darf in diesem Zusammenhang an den Grundsatz erinnern, dass ein Manager die Mitarbeiter nach ihren Stärken einsetzen soll! Rekrutieren Sie für die Ideenfindung freie Mitarbeiter, z.B. Studenten; dies ist nicht nur kostengünstig, Sie werden über deren Ideenexplosionen erstaunt sein. Wagen Sie dieses Experiment: Manager meets students!

Legen Sie an einer geeigneten und von den Mitarbeitern frequentierten Stelle im Unternehmen Ihr „goldenes Buch der Ideen" aus. Jeder Mitarbeiter kann hierin seine Ideen schriftlich festhalten und sich auch von anderen Vorschlägen wie bei der Kreativtechnik des Brainwriting inspirieren lassen. Wichtig ist in diesem Zusammenhang, dass die Mitarbeiter auch ein Feedback vom Management bekommen und zwar zeitnah! Eine weitere Möglichkeit zur Ideenfindung besteht in der Einrichtung von festen Zeiten, zu denen jeder Mitarbeiter persönlich seine Idee in jeweils zehn Minuten dem Top-Management präsentieren kann. Statten Sie alle Mitarbeiter mit einem Ideenbuch aus. Veranstalten Sie gezielt Kreativ-Workshops mit Ihren „Querdenkern"! Stellen Sie besonders kreative Mitarbeiter zu einem bestimmten Prozentsatz (z.B. 10%) ihrer regelmäßigen Arbeitszeit für kreative Prozesse und Ideenfindung frei. Oder wenn Sie ganz mutig sind: Jedem Mitarbeiter stehen 10% seiner Arbeitszeit für Innovationen zu. Freilich können Sie jetzt das „Totschlagsargument" bringen, dass dann einige Mitarbeiter diese 10% als willkommene Pause nutzen werden. Durchaus möglich. Es gibt überall Trittbrettfahrer und Trickser. Aber deswegen gleich die gesamte Belegschaft in Sippenhaft zu nehmen oder im Kollektiv zu verdächtigen wäre eine Ohrfeige für die Mehrzahl Ihrer Mitarbeiter, die seriös und ernsthaft an der Unternehmensentwicklung interessiert sind. Hier geht es ein Stück weit um positives Denken und das Vertrauen in Ihre Mitarbeiter. Ganz egal, wie Sie vorgehen – wichtig bleibt immer die laufende Information Ihrer Mitarbeiter über Innovationen und auch deren Erfinder im Unternehmen. Geben Sie den Kreativen eine öffentliche Bühne, beispielsweise im Rahmen einer Betriebsversammlung, bei der Sie Ihre Idee persönlich vorstellen können. „Stetes Tropfen höhlt den Stein", sagt der Volksmund. Auf den Innovationsprozess übertragen bedeutet das: Innovationen erfordern Nachhaltigkeit und nicht nur das berühmte Strohfeuer! Und was wäre das nicht für eine schöne Vision eines Innovationsprozesses: „Unser Unternehmen wird zur Ideenfabrik / Ideenwerkstatt!"

Diesen Status hat der amerikanische Hausgerätehersteller Whirlpool bereits erreicht, in dem er im gesamten Unternehmen über 500 so genannte Innovationsmentoren installiert hat. An diese kann sich jeder Mitarbeiter mit neuen Ideen wenden. Diese Innovationsmentoren prüfen jede neue Idee und verknüpfen diese auch mit anderen Vorschlägen, wofür sie eine spezielle Ausbildung erhalten haben. Darüber hinaus haben sämtliche 15000 Mitarbeiter Online-Kurse zum Thema Innovation absolviert, damit sie neue Ideen selber richtig einschätzen können.[37]

Vergessen Sie bitte eines nie: Die Hauptaufgabe des Managements besteht darin, die Zukunft zu gestalten. Sich nicht im kleinteiligen Tagesgeschäft zu verlieren. Und Zukunft besteht aus Innovationen. Mir gefällt in diesem Zusammenhang der Slogan des Neumarkter Bauunternehmens Max Bögl: „Fortschritt baut man aus Ideen!"

> „Der Leuchtturm und Fels in der Brandung, der Gralshüter der Strategie und der Zukunftsmanager" – Jürgen Hambrecht, Vorstandsvorsitzender der BASF AG auf die Frage, was ein Vorstandsvorsitzender sein müsse

X.7 Der Werkzeugkasten der Ideenfinder

> „Jeder Mensch ist ein Künstler!" – Joseph Beuys

Es gibt eine ganze Reihe von Kreativitätstechniken, die selbstverständlich erlernt und eingeübt werden müssen. Es ist wie das Erlernen eines Handwerks; jeder kann damit Ideen produzieren. Freilich ist der eine Mitarbeiter kreativer als der andere und kann eher auf die rechte Gehirnhälfte umschalten. Dennoch: Jeder der sich darauf einlässt, kann es auch. Ich will Ihnen hier nur einen systematischen Überblick über verschiedene Techniken geben, wer mehr darüber wissen will, sollte sich mit spezieller Literatur (am Ende dieses Buches) auseinandersetzen. Zur Verdeutlichung soll dann exemplarisch eine Methode vorgestellt werden. Meine Empfehlung für Sie ist, dass Sie diese Werkzeuge mit Kreativtrainern einüben. Es ist wie das Erlernen von Golf oder Tennis: Ein Trainer ist einfach notwendig, damit die Technik richtig in Fleisch und Blut übergeht.

---

37 Förster A., Kreuz P., Alles, außer gewöhnlich, Econ, 2007

Hier erst einmal eine kurze Übersicht über die gängigsten Kreativitätstechniken (beispielhafte Auswahl):

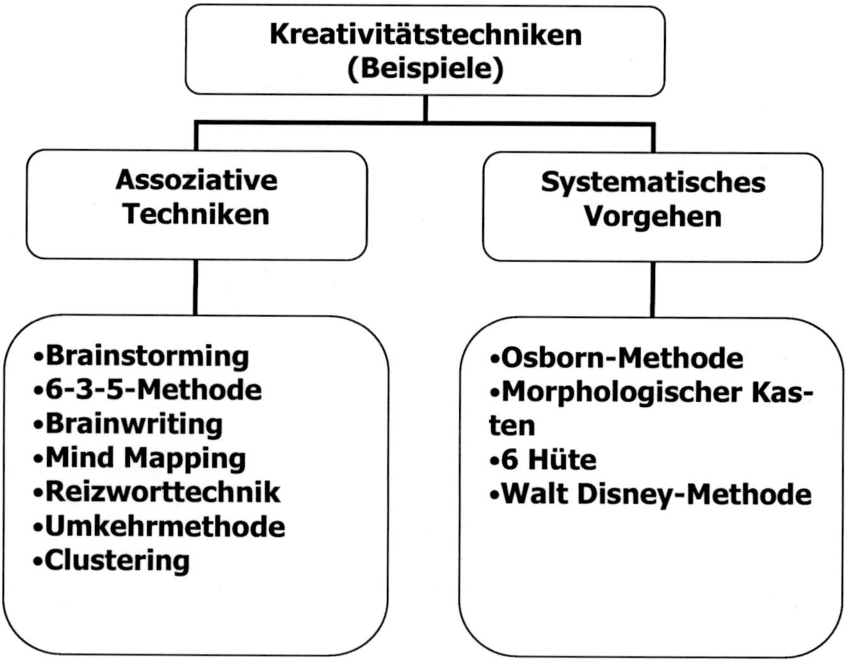

X.8 Die Reizwortmethode

Diese Kreativitätstechnik ist eine wirkungsvolle Alternative zum Brainstorming. Auf einer Vielzahl von Karten stehen verschiedene Begriffe, die Reizwörter, die sozusagen Impulsgeber für den Kreativitätsprozess werden. Dabei sollte das Reizwort möglichst keinerlei Nähe zur Fragestellung aufweisen. Eine Karte wird gezogen. Die Kernfrage für die Teilnehmer lautet: Was assoziieren sie mit diesem Reizwort? Beispiele für Reizwörter: Segelschiff, Tiefsee, Weihnachtsbaum, Wolkenkratzer.

Nehmen wir mal an, es würde eine neue Dienstleistung gesucht und die Karte Segelschiff würde gezogen – dann könnte der Beginn des

Ideenfindungsprozesses lauten: Ein Segelschiff hat weiße Segel, weiß erinnert mich an Sauberkeit und Hygiene, also mikrobiologische Prüfungen.

Der nächste Teilnehmer fokussiert auf die Weite des Meeres, auf Wasser, auf Trinkwasser und nennt Wasseraufbereitungsanlagen; der nächste denkt an Holzplanken, Holz als Brennstoff, Holz für ein Biomassekraftwerk usw.

Der Witz ist dabei das Wegführen der Teilnehmer durch das Reizwort in völlig andere Welten, die fast wie zufällig mit dem Geschäft kombiniert werden und auf diese Weise zu völlig neuen Lösungen führen. Jede neue Idee kann jeden anderen Teilnehmer wieder zu einem völlig neuen Gedanken inspirieren, sofern er ihn aufgreift. Dabei gilt es jedoch bestimmte Spielregeln zwingend zu beachten:

1. Keine Killerphrasen während der Ideenfindung
2. Quantität statt Qualität – möglichst viele Ideen produzieren
3. Ideen der anderen aufgreifen und weiter entwickeln
4. Absolut keine Bewertung der Ideen – das kommt später
5. Alles ist möglich und wird auch zugelassen und toleriert
6. Jeder in der Runde darf ausreden, ohne kritisiert zu werden
7. Alle hören aktiv zu, keine Zwischenrufe, niemand fällt anderen ins Wort
8. Ein Moderator ist der Chef der Runde mit Weisungsbefugnis
9. Nach 30 Minuten wird die Ideenfindung beendet
10. Es wird groß gedacht – Unmögliches soll möglich werden

Diese Spielregeln schneiden Sie jetzt auf Ihren persönlichen Bedarf zu und hängen Sie bitte in allen Sitzungssälen in Ihrem Unternehmen als verbindlich aus!

Bei dieser Methode ist es hilfreich, wenn ein Moderator während der 30minütigen Ideenfindung Regie führt und die spontanen Gedanken als Stichwörter aufschreibt. Als ich mit meinem Team das erste Mal nach dieser Methode arbeitete, waren wir nach dreißig Minuten geistig richtiggehend erschöpft, aber auch zufrieden, weil wir unglaublich viele Ideen im Team produziert hatten: über 100 Schlagworte standen auf den Flipcharts. Wir waren erstaunt über unsere Produktivität und die Effizienz dieser Kreativmethode. Wichtig war dabei aber der Grundsatz – und hier wiederhole ich mich gerne – „Quantität geht vor Qualität"; erst nach Abschluss dieses Brainstormings darf gemeinsam bewertet werden. Aber zuerst benötigten alle Teilnehmer eine Pause, da wir alle intellektuell „ausgeblutet" waren.

Danach wurde es richtig spannend: Mit Klebepunkten durfte jedes Teammitglied seine persönlichen Ideenfavoriten küren. Wichtig dabei war die Vorgabe: „Kleben Sie die Punkte auf die ungewöhnlichsten und „abgefahrensten" Ideen!" Ich habe hieraus gelernt, dass sich gerade aus den exotischen Vorschlägen die wirklich großen Innovationen entwickeln können. Think big und spielen Sie großes Tennis mit Ihren Kreativköpfen! Auch in dieser Phase gilt es den persönlichen Bewertungsmechanismus auszuschalten und nur der Fragestellung zu folgen; sonst läuft man Gefahr, die wirklich herausragenden Ideen zu übersehen. Nach dieser Phase zwei kristallisieren sich drei bis fünf Favoriten heraus, die nun systematisch bearbeitet und analysiert werden: nach der PMC-Methode, die ich in diesem Buch schon einmal vorgestellt habe. Zuerst werden die Pluspunkte, die positiven Aspekte der Idee herausgearbeitet und aufgeschrieben; erst danach die Minusfaktoren und Risiken, die dann in einem dritten Schritt noch einmal gesondert auf ihre Chancen untersucht werden. Nach dieser Runde ist die Ideenbewertung abgeschlossen und es muss nun entschieden werden, ob und was umgesetzt wird. Dazu gleich mehr beim Thema Innovation. Nebenbei bemerkt: Auch die nicht auserwählten Ideen können weiter betrachtet werden; sie sind nicht selten eine wahre Fundgrube für weitere Denkanstöße im Unternehmen.

> „Wenn eine Idee am Anfang nicht absurd klingt, gibt es für sie keine Hoffnung!" – Albert Einstein

X.9 Die großartige Idee aus dem Nichts

Der englische Student Andrew Tews war praktisch pleite. In höchster finanzieller Not hatte er einen Einfall, der an das Märchen Rumpelstilzchen der Gebrüder Grimm erinnert: Er schaffte es Stroh zu Gold zu spinnen! Oder anders ausgedrückt: Mit nahezu nichts außer einer Idee eine Million zu verdienen. Das Wort „spinnen" ist hier mehr als angebracht, wurde er doch mit seiner Idee für verrückt gehalten.

Tews eröffnete eine Homepage im Internet unter der Domain www.milliondollarhomepage.com. Zuerst war die Website leer, ein weißes unbeschriebenes Rechteck. Er teilte diese Website in unzählige kleine Punkte auf (Pixel) und verkaufte diese Pixel an Unternehmen, die auf seine Homepage wollten. Tews machte seine Idee in verschiedenen Foren im Internet bekannt und so setzte alsbald ein „Run" auf die freien Plätze ein, dem sogar so renommierte Unternehmen wie die Times folgten. Bald war die Homepage ausgefüllt, der letzte weiße Fleck wurde bei ebay versteigert und Tews ist nun um eine Million Dollar reicher. Sein unglaublicher Erfolg wurde sogar in den TV-Nachrichten gesendet.

Dieses Beispiel führt uns eindrucksvoll vor Augen, dass es die außergewöhnlichen Ideen sind, die zum Erfolg führen. Eben solche, bei denen die meisten von uns die Finger wie vor der heißen Herdplatte zurückziehen; Ideen, die abgefahren und fast schon gewagt sind. Ideen, die zu ihrer Realisierung Mut und auch eine Portion Risikobereitschaft erfordern.

Bevor wir uns der Innovation, der Lebensader jeden Unternehmens zuwenden, lassen Sie mich noch einen kleinen Exkurs unternehmen. Aus Kreativitätsprozessen heraus können nämlich auch wunderbare und unerwartete Werbeideen für die Unternehmen entstehen. Ich möchte Ihnen zwei besonders intelligente Werbemaßnahmen der LGA in Nürnberg vorstellen, die von Mitarbeitern auf Kreativ-Workshops erfunden und von der Geschäftsleitung erfolgreich umgesetzt wurden. Die Kernfrage war damals: Wie kann der Name LGA ohne ein riesiges Werbebudget breiter bekannt gemacht werden?

X.10 Die Jagd nach dem König

Seit fünf Jahren veranstaltet die LGA in Ihren Räumlichkeiten jeweils im September ein Schachturnier, das mittlerweile zu den bedeutendsten Wettkämpfen dieser Sportart in Deutschland gehört und bei den Schachspielern sehr beliebt ist: den LGA Premium-Cup. Die fünfte Auflage war in 2008 bereits drei Tage nach der offiziellen Ausschreibung restlos ausgebucht. Alleine 50 Titelträger (Großmeister, internationale Meister, U 18-Weltmeister) aus dem In- und Ausland sowie Spieler der Deutschen Damen- und Herren-Olympia-Mannschaften kämpften im 180köpfigen Teilnehmerfeld an vier Tagen um die 10800 € Preisgeld. Die Partien an den fünf Spitzenbrettern konnten zeitgleich live im Internet weltweit von den Schachinteressierten verfolgt werden. Da sich das Internet mittlerweile zum bevorzugten Informations- und Kommunikationsmedium für Schachspieler gemausert hat, erfuhr der Name LGA durch unzählige Verweise von Schachseiten und Homepages der Spieler einen sehr hohen Bekanntheitsgrad. Eine Idee, die sich für das Unternehmen ausgezahlt hat!

Ausgangspunkt war die Erkenntnis eines Mitarbeiters, dass viele der LGA-Kunden selbst Schach spielen. Das Turnier wird von Schach begeisterten Mitarbeitern der LGA federführend organisiert; Schachvereine unterstützen diese tatkräftig. Werbetechnisch nützlich ist der Turniername „Premium-Cup", der sich auf eine neu eingeführte Dienstleistung der LGA bezieht, die beworben werden sollte.

Diese von den Mitarbeitern erfundene und umgesetzte Werbeform bezeichnet man auch als **„virales Marketing"**, weil sich die Nachrichten fast epidemisch wie bei einem Virus in den Medien und im Internet ausbreiten und auf diese Weise mit einem geringen Budget sehr effektiv die Aufmerksamkeit auf Produkte und Dienstleistungen gelenkt werden kann.

X.11 Der Marathonlauf in den Prüfhallen

Ebenfalls ein Mitarbeiter war es, der die ungewöhnliche Idee hatte, im Unternehmen einen Marathonlauf zu veranstalten. Er ging von der Überlegung aus, dass gerade in den Wintermonaten für passionierte Langstreckenläufer im Inland kaum Wettkampfmöglichkeiten bestehen. Eine Laufveranstaltung in einem Gebäude wäre witterungsunabhängig und noch dazu außergewöhnlich. Aufgrund der Tatsache, dass das LGA-Firmengelände eine Größe von fast neun Hektar aufweist, zudem die langen Gänge auf zwei Ebenen für das Laufen gut geeignet schienen, sprach vieles für diese Idee. Ich will an der Stelle durchaus einräumen, dass ich zu Beginn des Vorschlags äußerst skeptisch war, mich dann aber der Hartnäckigkeit des Mitarbeiters und seiner vielen Unterstützer im Unternehmen beugte und den Vorschlag zur Umsetzung freigab – ich habe es nicht bereut. Der LGA Indoor-Marathon ist mittlerweile seit vier Jahren in Läuferkreisen und bei der interessierten Öffentlichkeit ein fester Begriff; in 2008 gingen 120 Läufer und 30 Staffeln an den Start. Etwa fünfzig Male gilt es den Rundkurs im Firmengebäude mit mehreren Treppen zu durchlaufen, dabei verfolgen viele Zuschauer das Spektakel, das der LGA eine große überregionale Aufmerksamkeit in den Medien bringt und den Bekanntheitsgrad gesteigert hat. Mittlerweile gibt es über den Indoor-Marathon einen Film, der als DVD über die LGA bezogen werden kann. Das Sahnehäubchen dieses Marathons ist, dass etliche Mitarbeiter der LGA und der TÜV Rheinland Group mitlaufen und sich gemeinsam auf diesen Wettbewerb häufig mit einem Training nach Dienstschluss im Unternehmensgebäude vorbereiten und hieraus ein Lauftreff entstanden ist, der sich einerseits positiv auf die Unternehmenskultur ausgewirkt hat und andererseits die Kommunikation Bereichs übergreifend gefördert hat.

LGA Indoor-Marathon 2007

Was zuerst wie eine „Schnapsidee" klang, ist eigentlich ein klassisches „Guerilla Marketing" geworden. Für das Guerilla Marketing, dessen Begriff der Marketing-Experte Jay C. Levinson Mitte der achtziger Jahre in den USA geprägt hatte, gibt es keine feste Definition; es handelt sich um ungewöhnliche Aktionen, die mit einem relativ geringen Werbebudget eine hohe Aufmerksamkeit erzielen – andersartige Werbung eben. Der Begriff des Marketing ist in diesem Zusammenhang meines Erachtens etwas irreführend, weil Marketing viel mehr umfasst wie die reine Werbung; mir gefällt deshalb die Bezeichnung Guerilla Werbung besser. Das intelligente Konzept lässt die Werbung auf den ersten Blick gar nicht erkennen, weil sie hinter einer originellen Aktion versteckt ist. Über die hohe Aufmerksamkeit wird über die Aktion gesprochen, die Medien berichten darüber, im Internet wird diskutiert oder Filme auf das Internetportal Youtube eingestellt, wodurch sich nach der Guerilla Werbung in einem zweiten Schritt idealer weise das oben angesprochene virale Marketing entwickelt. Guerilla-Werbung ist originell, frech, überraschend, andersartig, unkonventionell, effektiv und außergewöhnlich. Ich möchte hierzu einige Beispiele geben:

- In der warmen Jahreszeit fuhr plötzlich durch Berlin eine Kolonne aus fünf Autos, die tief verschneit aussahen und aus denen Schweizer Fahnen hingen. Die Autos fuhren ans Brandenburger Tor oder hielten vor dem Flughafen Tegel; immer war ihnen höchste Aufmerksamkeit garantiert, die Menschen filmten und fotografierten und die Presse berichtete. Hinter dieser Aufsehen erregenden Aktion steckte die Swiss International Airline wie an den Schriftzügen der Autos zu erkennen war. Der vermeintliche Schnee im Sommer, in den die Autos verpackt waren, war aufgesprühter Kunstschnee.
- Überrascht waren die Passanten in einigen bayerischen Städten, als sie auf zentralen Plätzen eine festlich gedeckte Tafel erblickten, an der zehn Männer im schwarzen Frack mit Zylinder saßen. Die Männer sahen dabei aus wie die Comedian Harmonists. Neugierige konnten nun einen großen roten Buzzer drücken, wonach sich die Frackträger alle erhoben und zur Melodie von „Wochenend und Sonnenschein" einen Werbespot der Deutschen Bahn sangen: „Zu fünft im Zug durch die Region, für 27 Euro schon". Dabei wurden Bahn-Mützen und Flyer verteilt. Sehr gelungene Guerilla Werbung!
- Vor einigen Monaten (noch vor dem Rauchverbot!) saß ich abends mit Freunden in einem vollbesetzten Cafe, als urplötzlich drei gut aussehende Damen alle Aufmerksamkeit auf sich zogen, indem sie von Tisch zu Tisch gingen und den Gästen kleinere Spiele und Denkaufgaben mit dem Versprechen eines Preises bei erfolgreicher Lösung überreichten. Im Nu rätselte das ganze Cafe, über die Tische hinweg wurde eifrig kommuniziert und nach einer halben Stunde lieferten die Damen die Auflösung und verteilten kleine Geschenke: Zigaretten, Klappaschenbecher – es war eine Guerilla Werbung von Gauloises.
- Eine als Billiganbieter bekannte Hotelkette organisierte eine „Demonstration" mit eigenen Mitarbeitern vor einem Luxushotel. Auf Plakaten und Transparenten wies man auf die Unsinnigkeit utopischer Übernachtungspreise und auf die eigenen günstigen Leistungen hin. Nur allzu gern berichte-

ten die Medien über diesen Schaukampf zwischen David und Goliath.[38]

- Ein Friseur aus einem Ort am linken Niederrhein platzierte seine Werbung auf den Kanaldeckeln in der Fußgängerzone. Dies garantierte ihm höchste Aufmerksamkeit in den Medien und der Stadtverwaltung zusätzliche Einnahmen.[39]
- Eine originelle Weihnachtswette initiierte OBI: Wer am Nikolaustag seinen Christbaum bei OBI kauft, erhält dann sein Geld in vollem Umfang zurück, wenn es am Heiligen Abend schneit, der Käufer einen Schneemann baut, diesen fotografiert und das Schneemann-Foto zusammen mit dem Kassenzettel bis 10. Januar einreicht. „Wir wissen nicht, wie sich Frau Holle entscheidet", wirbt OBI, aber sollte es nicht schneien, „spendet OBI für jeden am Nikolaustag verkauften Christbaum 1 Euro an einen gemeinnützigen Zweck".

Haben Sie für Ihr Unternehmen eine unkonventionelle Werbeidee, die als Guerilla-Werbung geadelt werden könnte?

....

....

....

....

....

....

....

Ich darf kurz zusammenfassen: Innovation benötigt Kreativität und um diese bei Ihren Mitarbeitern zu entwickeln und zu fördern müssen Sie eine offene Unternehmenskultur schaffen. Diese ist gewissermaßen der sorgfältig gedüngte Nährboden für gute Ideen. Und dieser Nährboden basiert auf emotionaler Führung mit Freiräumen für Ihre Mitarbeiter und ehrlicher und konsequenter Information

---

38 Patalas, T., Guerilla Marketing – Ideen schlagen Budget, Cornelsen, 2006

39 Patalas, Thomas, a.a.O.

und Kommunikation. Kreativität muss aber auch hinsichtlich der Techniken wie eine Sportart erlernt und dann weiter trainiert werden. Holen Sie sich kreative Querdenker ins Unternehmen, die wie Moskitos immer wieder zustechen: Der Kreativvirus soll sich allmählich im Unternehmen ausbreiten. Und schaffen Sie Räume, die freies Denken nicht blockieren, sondern fördern. Eines dürfen wir dabei nie vergessen: Sie als Chef haben Vorbildfunktion! Sie prägen das Handeln Ihrer Mitarbeiter wie sonst niemand im Unternehmen! Also ist es Ihre vornehmste Aufgabe sich erkennbar dem Kreativprozess zu verschreiben – sonst funktioniert er nicht.

Nun sind wieder Sie an der Reihe. Welche konkreten Maßnahmen ergreifen Sie bis wann, um in Ihrem Unternehmen die Kreativität zu fördern?

....

....

....

....

....

....

....

....

Bevor wir nun zur Metamorphose der Idee hin zur Innovation kommen, lassen Sie mich noch über ein besonders gelungenes Kreativprojekt sprechen, das mittlerweile zu einem Unternehmen geworden ist und seit über 25 Jahren Kinder und Erwachsene gleichermaßen erfreut und verzaubert: die Regensburger Traumfabrik.

Der damalige Dozent für Sportpädagogik an der Universität Regensburg, Rainer Pawelke, gründete mit seinen Sportstudenten im Jahre 1980 die Traumfabrik, ein phantastisches Multivisionstheater, das Elemente von Sport, Kunst und Kultur miteinander verbindet. Mit Schatten- und Maskenspielen, schwarzem Theater, Akrobatik, Pantomime und Publikumsanimationen verzaubert die Traumfabrik bis heute mit Illusionen und Bildern ihr zahlreiches Publikum in ganz Deutschland. Pawelke, ein kreativer Querdenker, begeistert die Menschen für seine Traumwelt mit einfachen Mitteln: schwarzer Hintergrund, weiße Bänder, Alufolien, Projektionstechniken, Schatteneffekte, engagierte Darsteller und dem variationsreichen Spiel des Lichts.

Der neue Weg schien der Universität Regensburg keineswegs geheuer und so sprach das Sportinstitut bereits im Herbst 1980 ein Verbot der Traumfabrik aus und wollte die Nutzung der universitären Räume untersagen. Die Aufführungen der Traumfabrik seien Unsinn und hätten nichts mit Sport zu tun; ein Sportinstitut sei schließlich kein Zirkus. Pawelke hielt unbeirrt an seinem Konzept fest, entwickelte die Traumfabrik weiter und spielte sich mit seinem Ensemble in die Herzen der Menschen. Eine ausverkaufte Olympiahalle in München, mehrere Auftritte im ZDF-Sportstudio und in der ARD-Sportgala sowie anlässlich von Eröffnungsfeiern bei Weltmeisterschaften und Jubiläumsfeiern von Konzernen wie Siemens und Deutsche Bank sowie eine Deutschlandtournee markierten den Siegeszug der Traumfabrik, deren Kreativität sich heute zu einem Unternehmen entwickelt hat. Der Fall Traumfabrik zeigt aber auch eindrucksvoll, wie schwer es kreative Querdenker haben, mit ihren Ideen bei den „Traditionalisten" durchzudringen. Übrigens: Die Universität Regensburg hat bis heute alle Prozesse gegen die Traumfabrik verloren – auch im Dezember 2008 durfte die Traumfabrik wie die Jahre zuvor auf dem Universitätsgelände auftreten. Was lernen wir daraus? Ideen erfordern zu ihrer Umsetzung auch eine Portion Hartnäckigkeit und den Glauben an den Erfolg.

Wie kommen wir nun von der ursprünglichen Idee zur Innovation? Das Zauberwort heißt „Umsetzung" und daran scheitern die meisten Ideen und Unternehmen. Viele Manager sind die Meister der Ankündigung, aber die Zwerge der Umsetzung.

„Wir haben kein Defizit an neuen Ideen, wir haben ein Defizit an Umsetzern. Wir haben zu viele Besprecher und zu wenig Bearbeiter." – Norbert Blüm

Ich kann Norbert Blüm nur zustimmen. In den meisten Unternehmen können Probleme analysiert werden, viele finden Ideen zur Problemlösung, aber mit der Umsetzung beginnt meist das große Scheitern. Und das wiederholte Wundern und Köpfe schütteln, warum es wieder einmal nicht geklappt hat. Lassen Sie uns nun also der Herkulesaufgabe „Umsetzung" zuwenden.

XI INNOVATION ODER DIE SYNTHESE AUS ORIGINELLER IDEE UND KRAFTVOLLER UMSETZUNG

> „Nichts ist mächtiger, als eine Idee, deren Zeit gekommen ist" – Victor Hugo

Wir stehen in unserem Innovationsprozess jetzt also gedanklich am Ende der Ideenbewertung: die PMC-Analyse ist abgeschlossen und wir halten die Idee für umsetzbar. Nun schließt sich eigentlich nur noch ein typisches Projektmanagement an und dann wären wir am Ziel. Aber genau hier liegen die Probleme. Sie beginnen bereits mit der Frage, welche Mitarbeiter im Unternehmen die Innovationsidee umsetzen sollen. Ideal wäre ein Bereichs übergreifendes Team mit den besten Spezialisten des Unternehmens. Aber wer entsendet in einer Profit-Center-Kultur schon seine Leistungsträger und Diamanten? Also kommt die „Reservebank" häufig zum Einsatz, die darüber hinaus mit Aufgaben aus dem Tagesgeschäft reichlich „zugeschüttet" wird. Wenn die Arbeit im Projektteam dem Tagesgeschäft einfach ohne Freiräume für diese zusätzlichen Aufgaben zugefügt wird, dann ist das Projekt bereits beim Anpfiff zum Scheitern verurteilt. Gänzlich zum Rohrkrepierer wird es, wenn die Chefs der Profit-Center im Hintergrund die Fäden ziehen und nur mehr ihre eigenen Bereichsinteressen verfolgen. Wenn Sie so an diese Aufgabe herangehen, dann beerdigen Sie Ihre Innovationsidee am besten gleich. Wollen Sie nicht den Totengräber spielen, dann sollten Sie folgende Regeln beherzigen:

Regel 1: Der oberste Innovator im Unternehmen ist der Chef; er steht an der Spitze der Bewegung und hat Innovation zum obersten Unternehmensziel ausgerufen. Er beteiligt sich sichtbar am Projektmanagement und steht dem Entscheidungsgremium (Projektreview) vor. Damit prägt er ganz entscheidend die Innovationskultur im Unternehmen.

Regel 2: Weniger ist mehr! Fokussieren Sie sich auf die aussichtsreichsten Projekte und verzetteln Sie sich nicht mit der Umsetzung von zu vielen Ideen.

Regel 3: In ein übergreifendes Innovationsteam gehören die besten Leute!

Regel 4: Diese Leistungsträger sind ausreichend von ihrem Tagesgeschäft freizustellen. Dementsprechend steht den Profit-Centern für die Abstellung ein interner Ergebnisausgleich zu, den die Geschäftsführung sicher zu stellen hat.

Regel 5: Die Mitglieder des Projektteams werden mit entsprechenden Entscheidungsbefugnissen und selbstverständlich mit Freiräumen ausgestattet. Ihre eigentlichen Vorgesetzten haben sich aus dem Innovationsprojekt raus zu halten.

Regel 6: Dem Ziel „Innovationsumsetzung" wird alles untergeordnet; Bereichsinteressen spielen keine Rolle.

Ich hatte in diesem Buch Crosby, den Vordenker des Qualitätsmanagements schon einmal zitiert: „Jede Tätigkeit, jede Arbeit ist ein Prozess!" Dies gilt ganz besonders bei der Umsetzung von innovativen Ideen, damit diese zum Markterfolg werden. Es genügt dabei keinesfalls, wenn Sie den Ideengebern auf die Schulter klopfen und diese zur Umsetzung ermuntern nach dem Motto „machen Sie einfach mal!" Ich zähle mich zwar zu den leidenschaftlichen Verfechtern des „Freiräume Schaffens" für die Mitarbeiter, bei einem Innovationsprozess ist jedoch eine Struktur oder ein Handlungsleitfaden absolut notwendig, damit die Idee nicht zur platzenden Seifenblase degeneriert. Ein sehr erfolgreiches Modell hat Robert G. Cooper bereits vor über 20 Jahren entwickelt: den Stage-Gate-Prozess®, der heute Standard in Firmen wie Procter& Gamble, Unilever, Dow Chemical, VISA oder Exxon ist.

XI.1 Sesam öffne dich!

Ich möchte Ihnen das Modell von Cooper zuerst einmal in einem Schaubild darstellen. Dabei habe ich die Grundstruktur etwas verkürzt, weil wir den Einstieg in den Innovationsprozess, die Ideenfindung und die Ideenbewertung, bereits oben ausführlich abgehandelt haben. Beide stehen natürlich auch bei Cooper am Beginn des Prozesses.

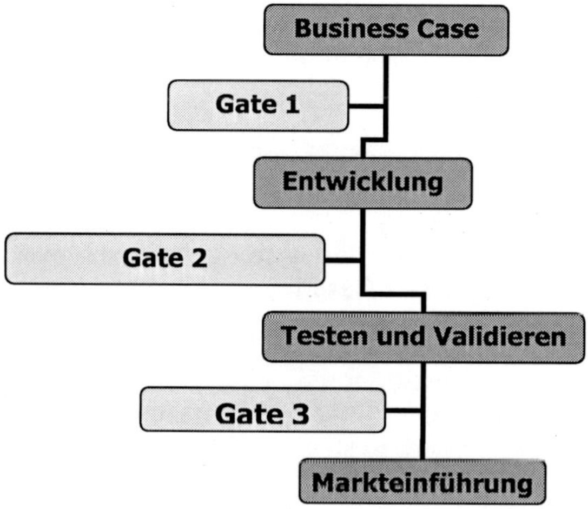

Das Cooper-Modell filettiert den Innovationsprozess in eine festgelegte Menge von Abschnitten (Stages), in denen bestimmte Aktivitäten vorgeschrieben sind, die auf den Best Practices der Produktentwicklung basieren. Das Grundmodell geht von sechs Abschnitten aus, wobei beispielsweise die Automobilindustrie heute bereits zehn Abschnitte favorisiert. Jeder Abschnitt muss durch ein Tor (Gate) betreten werden, wobei das Tor gewissermaßen eine Art Checkpoint zur Qualitätskontrolle ist. Die Torwächter (gatekeeper) entscheiden dabei über die Fortsetzung oder den Abbruch des Innovationsprojekts bzw. sie lassen den letzten Abschnitt noch einmal durchlaufen. Bei diesem Projektreview heißt es am Ende entweder „go" (grünes Licht), die Freigabe für den nächsten Abschnitt wird erteilt; oder „kill" (rotes Licht), also das Innovationsprojekt wird nicht fortgeführt und „beerdigt"; oder „recycle" (gelbes Licht), was bedeutet, dass die bisher erzielten Ergebnisse noch nicht ausreichend sind und der vorhergehende Abschnitt noch einmal durchlaufen werden muss. An den Gates findet gewissermaßen ein Soll-/Ist-Vergleich statt: Hat das Projektteam die vorgegebenen Ergebnisse erreicht? Gleichzeitig werden die nächsten Ziele für den kommenden Abschnitt und die weitere Teamzusammensetzung verbindlich festgelegt. Mögliche Fragestellungen in der Gate-Sitzung wären:

- Wird das Innovationsprojekt qualitativ auf hohem Niveau durchgeführt?
- Wird der Projektplan eingehalten und passt die Kostenkalkulation?
- Macht es unter wirtschaftlichen Aspekten Sinn, das Projekt weiter fortzuführen?

Dieses „Sesam-öffne-dich" an den Toren vor dem nächsten Abschnitt ist eigentlich ein klassisches Projektcontrolling.

Die Stärke des Cooper-Modells liegt darin, dass die Innovationsumsetzung transparent und bei höherer Geschwindigkeit auch qualitativ hochwertiger abläuft; in einen ansonsten oftmals unkoordinierten Prozess wird systematisches Vorgehen und auch Disziplin gepackt. An den Toren erfolgt eine klare Fokussierung auf die jeweiligen Projektziele, so dass „Rohrkrepierer", also chancenlose Projekte, rechtzeitig vom Management gestoppt werden können. Das unternehmerische Risiko wird überschaubarer, weil die Zuteilung der finanziellen und personellen Ressourcen abschnittsweise erfolgt. Wichtig ist auch die übergreifende Teamzusammensetzung, die es ermöglicht, dass Aufgaben und Entscheidungen nicht nur von einer einzelnen Organisationseinheit getragen werden – alle mitarbeitenden Bereiche haben Verantwortung und Spezialaufgaben zu übernehmen. Die so genannten Gatekeeper sollten sich aus Mitgliedern des Top-Managements zusammensetzen, womit der Belegschaft die Wichtigkeit von Innovationen im Unternehmen signalisiert wird.

Bei Abschnitt 1, dem Business Case, geht es erst einmal um „Schreibtischarbeit", um eine gründliche Marktanalyse, Produkt- und Projektdefinition, sowie den Businessplan, die Abschätzung der erforderlichen Ressourcen und den eigentlichen Projektplan. Abschnitt 2, die Entwicklung, befasst sich mit der Ausarbeitung des Produktdesigns und der eigentlichen technischen Projektumsetzung. Im folgenden Abschnitt 3 wird die Innovation im Labor, im Betrieb sowie im Markt getestet und bewertet. Im letzten Abschnitt erfolgen dann der eigentliche Produktionsbeginn, die Qualitätssicherung, das Marketing und der Verkauf.

XI.2 F+E-Abteilung versus Entwicklung im Profit-Center

Sehr kontrovers kann man die Frage diskutieren, ob die Entwicklungsfreiheit der Profit-Center für Innovationen effizienter ist als eine zentral eingerichtete F+E-Abteilung. Während bei den großen Konzernen F+E-Abteilungen heute Standard sind, setzen gerade mittelständische Unternehmen in der Regel auf Entwicklungsimpulse aus den jeweiligen Bereichen, weil sie schlichtweg nicht über ausreichende finanzielle Mittel für Forschung und Entwicklung verfügen. Ich selbst bin der Auffassung, dass ab einer gewissen Unternehmensgröße immer eine zentrale F+E-Abteilung existieren sollte, gleichzeitig die Profit-Center durchaus freie Hand für eigene Innovationsideen haben sollten. Zur Umsetzung dieser Ideen, die meist aus dem Markt geboren werden, sollte dann freilich ein geordneter Innovationsprozess – wie oben beschrieben – eingeführt werden. Ohne F+E-Abteilungen bleiben Innovationen im Unternehmen langfristig dem Zufall überlassen. Also: Die Mischung machts!

Gegen zentrale F+E-Abteilungen werden vor allem zwei Gründe immer wieder ins Feld geführt:

1. Sie erhöhen nicht nur unwesentlich die Gemeinkosten
2. Sie entwickeln häufig am Markt vorbei, weil sie die Bedürfnisse der Kunden nicht aus erster Hand kennen
3. Die Profit-Center haben nur einen unterschiedlichen Nutzen je nach den Entwicklungsschwerpunkten, werden aber gemeinsam an den Aufwendungen für F+E beteiligt.

Damit die Gemeinkosten nicht zum Zerstörungstorpedo für F+E werden, erachte ich es für sinnvoll, wenn in den Unternehmen mehrstufige Deckungsbeitragsrechnungen eingeführt werden, über die sich die Deckungsbeiträge der Profit-Center transparent und klar darstellen lassen. Jedes Profit-Center trägt demnach Verantwortung für das Betriebsergebnis, das in seinem Einflussbereich eben ohne Verwässerung durch Gemeinkosten erzielt wird. Eben diese Overhead-Costs können die Bereichsmanager nicht steuern, geschweige denn beeinflussen. Also ist es nur fair, wenn sich die Prämien der Profit-Center an dem von ihnen erzielten Deckungsbeitrag orientieren. Und damit wäre ein grundsätzlicher Reibungspunkt beseitigt.

Irgendjemand im Unternehmen wird sich immer benachteiligt fühlen getreu dem Motto: die F+E-Abteilung liefert Innovationen immer nur für die anderen und wir haben keinerlei Nutzen. Eine reine Profit-Center-Kultur muss eigentlich sogar solche Einwände und Widersprüche provozieren, wenn sie ergebnistechnisch funktionieren soll. Dennoch müssen die Manager vor dem Hintergrund einer ganzheitlichen Unternehmensentwicklung immer das Unternehmen als Ganzes im Fokus behalten; Einzelinteressen unterliegen deshalb gewissermaßen wie zweitklassige Darlehen einem Rangrücktritt. Der französische Filmregisseur Jean Renoir hat einmal gesagt, „das Schlimme am Leben ist, dass jeder seine Gründe hat." Und gerade Manager mit Ergebnisverantwortung besitzen ganze Wagenladungen von Gründen. Damit bei allem verständlichen Egoismus das große Ganze nicht aus den Augen verloren wird, erachte ich die Festschreibung von gemeinsamen Unternehmenszielen in den jährlichen Vereinbarungen mit den Managern für zwingend, wobei an die Zielerreichung selbstverständlich finanzielle Auswirkungen gekoppelt sein sollten. Darüber hinaus sollten die Manager der Profit-Center auch verantwortlich in die Gesamt-Geschäftsleitung des Unternehmens einbezogen werden.

Ach ja, bliebe noch die fehlende Kundennähe. Ein schwaches Argument gegen F+E-Abteilungen! Nehmen Sie die Forscher und Entwickler einfach regelmäßig zu den Kunden mit und Sie dürfen sich auf erstaunliche Ergebnisse freuen. Mein Fazit lautet demnach: Ab einer gewissen Größe sollten Unternehmen über eigene F+E-Abteilungen verfügen, dennoch erhalten die Profit-Center einen Freibrief für eigene Innovationsideen.

XI.3 Was ist eigentlich eine Innovation?

Es ist nun an der Zeit, sich dieser Frage zuzuwenden. Wenn Sie heute Chefs fragen, ob Ihre Unternehmen innovativ sind, werden Sie in nahezu allen Fällen ein klares ja hören, vielleicht mit einem mitschwingenden Unterton einer leisen Empörung. Innovation bedeutet schließlich Zukunftssicherung, ist ferner eine Kernaufgabe des Managements und liegt voll im Trend. Bohren Sie dann tiefer, was denn eigentlich eine Innovation sei, werden Sie einen ganzen Strauß von Definitionen und Antworten erhalten. Insoweit hat die eingangs gestellte Frage durchaus ihre Berechtigung.

Innovation heißt wörtlich genommen Neues oder Erneuerung, abgeleitet aus dem Lateinischen *novus* für „neu" oder *innovatio* für „etwas neu Geschaffenes." Der Volkswirt Joseph Schumpeter sah in einer Innovation die Durchsetzung einer technischen oder organisatorischen Neuerung. Ich wiederhole: die Durchsetzung! Durchsetzung bedeutet wirtschaftlichen Erfolg, weshalb in meiner Gedankenstruktur eine Innovation eine technische Neuerung oder eine neue Dienstleistung ist, die wirtschaftlich erfolgreich ist. Noch einmal: e-r-f-o-l-g-r-e-i-c-h! Im Umkehrschluss bedeutet das, dass noch so ausgefallene Ideen und Neuerungen, die wirtschaftlich am Markt floppen, sich keinesfalls mit dem Attribut Innovation schmücken dürfen, selbst wenn sie ihre Erfinder zu wahren Lobeshymnen hinreißen. Sie sind lediglich Geld vernichtende Liebhaberei, mehr nicht. Ohne jegliche Existenzberechtigung.

Ich zähle an dieser Stelle nur einige Beispiele für erfolgreiche Innovationen aus der jüngeren Zeit auf:

- Der Flachbildschirm: Die Loewe AG in Kronach hätte diesen Trend fast verschlafen und wäre beinahe daran kaputt gegangen.
- Die CD/DVD: Welch ein Siegeszug der silbrig-glänzenden Scheibe, die die gute alte Schallplatte nur mehr für Nostalgiker interessant machte. Welch neue und reine Klangqualität. Plattenspieler und LP wurden ganz einfach „kannibalisiert", von der Innovation aufgefressen. Und nun droht der CD das

gleiche Schicksal mit den mp3-Playern und den Downloads aus dem Internet. Nichts bleibt wie es war.

- Bionade, das alkoholfreie Trendgetränk, das durch Vergärung von Malz aus überwiegend kontrolliert-biologisch gewonnenen Rohstoffen hergestellt wird und seine Erfinder vor der drohenden Brauerei-Insolvenz rettete.
- Digitalkameras, die die analoge Fotographie in einem unglaublichen Siegeszug verdrängten.
- Und schließlich die Internet-Suchmaschine Google.

XI.4 Die Lebensader des Internet

Eine der bedeutendsten Innovationen der letzten zehn Jahre war ohne Zweifel die Erfindung der Suchmaschine Google. Im September 1998 gründeten die beiden Studenten Larry Page und Sergey Brin das Unternehmen im Silicon Valley mit dem Ziel, die Informationen im Netz der Welt allgemein zugänglich zu machen. Das Revolutionäre an Google ist der Page-Rank, bei der die Bedeutung einer Information im Internet nach deren Wertschätzung bei anderen Internetnutzern bewertet wird. In Kopplung mit einem cleveren Werbemodell wurden die beiden Unternehmensgründer Milliardäre. Andere Suchmaschinen wurden von Google mittlerweile zur Bedeutungslosigkeit degradiert. „Die Lebensader des Internet", wie die FAZ zum zehnjährigen Bestehen die Suchmaschine adelte, entscheidet mittlerweile über Sein oder Nichtsein von Informationen. Was Google nicht findet, existiert einfach nicht! Für die Unternehmen heute ist es existenziell wichtig, unter die ersten zehn Suchergebnisse bei Google zu kommen.

Google hat sich gerade bei der jüngeren Generation zu einem unverzichtbaren Wegweiser im Informationsdschungel Internet entwickelt. Beeindruckend sind die Zahlen: Durch Google ist die Informationsbeschaffung über das Internet bei jungen Leuten von 19 Prozent in 1999 auf 75 Prozent heute hochgeschnellt. Man könnte also sagen, dass Google dem Internet Flügel verliehen hatte. Allein in Deutschland gibt es über 40 Milliarden Anfragen über Google pro Jahr.

Google gibt seinen Mitarbeitern kreative Freiräume. Die Satellitenbilder (Google Earth) wurden auf diese Weise aus der „Spielerei" eines Mitarbeiters entwickelt. Und wie schafft Google nun eine solch kreative Spielwiese? Indem für alle Mitarbeiter die Zielsetzung gilt, 70 Prozent ihrer Arbeitszeit den laufenden Projekten zu widmen, in 20 Prozent der Arbeitszeit weiter zu lernen und über neue Chancen nachzudenken sowie in den restlichen 10 Prozent einfach nur zu „spinnen" und abgefahrene Ideen zu verfolgen.

XI.5 Der Staubsauger-Revolutionär

Eigentlich schien bei der Staubsauger-Technologie schon alles ausgetestet und erfunden. Allenfalls am Design konnte noch getüftelt werden. Wirklich? James Dyson, der 1947 im britischen Norfolk geboren wurde und in London Innenarchitektur und Möbeldesign studierte, wagte Mitte der achtziger Jahre die Revolution: Er bastelte an Staubsaugern, die ganz anders aussehen wie die herkömmlichen Geräte und noch dazu auf einer völlig anderen Technik basieren: Sie kommen ganz ohne Beutel aus. Statt des unvermeidlichen Beutels zum Dreck sammeln ist das Herzstück der Dyson-Sauger ein durchsichtiges Gehäuse, das mittels Zentrifugalkraft den aufgesaugten Schmutz sammelt. Ein Wirbelwind im Inneren mehrerer Zylinder fängt den Dreck auf, lässt aber gleichzeitig die saubere Luft entweichen. Die Beutel werden gänzlich überflüssig, können somit nach Auffassung von Dyson die Saugkraft nicht mehr beeinträchtigen. Am Ende der Saugerei bringt man das Plastikgehäuse einfach zum Mülleimer und entleert es.

Heute ist James Dyson Millionär und hat mehr als 20 Millionen seiner Staubsauger weltweit verkauft, wobei er in Großbritannien und Japan Marktführer ist. In Deutschland liegt Dyson mittlerweile hinter Miele und Siemens auf Platz drei. Das Delikate an dieser Erfolgsstory ist, dass Dyson seinen neuen Wundersauger nahezu allen etablierten Staubsauger-Größen angeboten hatte, doch AEG, Vorwerk, Electrolux und Co waren zwar interessiert, lehnten sein Produkt jedoch am Ende einmütig ab. Sie hätten dann schließlich das einträgliche Geschäft mit den Staubsaugerbeuteln aufgeben müssen. Also blieb Dyson nichts anderes übrig als selbst zu produzieren und die Branchengrößen mit seiner Erfindung vor sich her zu treiben. Ach ja: Queen Elizabeth II. hat Dyson letztes Jahr zum Ritter geschlagen. Fällt Ihnen etwas an Sir James Dyson auf? Er ist in seinem Denken andersartig und damit in seiner Branche unverwechselbar. Und die Moral von der Geschichte: Selbst in scheinbar ausgetesteten Branchen kann immer noch der große Wurf gelingen!

XI.6 Zurück in die Zukunft

„Früher war auch die Zukunft viel besser" – Karl Valentin (1882 – 1948), bayerischer Komiker
„Der beste Weg, die Zukunft vorauszusagen, ist, sie zu gestalten!" – Willy Brandt (1913 – 1992)

Es mag auf den ersten Blick banal klingen, aber so rasant wie sich die Welt verändert, so schnell werden neue Trends geboren, die wiederum eine Fülle von Innovationen generieren. Innovative Unternehmer haben deshalb ihr Ohr immer am Puls der Zeit und versuchen die so genannten Megatrends der kommenden Jahre aufzuspüren. Es wird dabei immer beim Stochern im berüchtigten Nebel bleiben, denn niemand kann exakte Zukunftsprognosen liefern. Sicherlich ist es sinnvoll sich mit den Prognosen von Zukunftsforschern wie Matthias Horx oder Pero Micic kritisch auseinanderzusetzen, dennoch bleibt im Endeffekt alle Schlussfolgerung letztendlich Kaffeesatzleserei. Allerdings können die Zukunftsforscher durchaus wegweisende Richtungen aufzeigen. Ich möchte im Folgenden aus der Fülle der Prognosen die aus meiner Sicht wesentlichen für die nächsten Jahre kurz vorstellen.

XI.7 Fit in die Kiste

Die demographische Entwicklung in Deutschland weist seit vielen Jahren darauf hin, dass wegen der sinkenden Geburtenrate die deutsche Gesellschaft allmählich veraltet. Hinzu kommt, dass die Menschen von heute ein wesentlich höheres Gesundheitsbewusstsein haben als ihre Vorfahren. Quantensprünge in der medizinischen Versorgung und Prävention verlängern die Lebenserwartung zwangsläufig. Alle vier Jahre verdoppelt sich in etwa das medizinische Wissen. Der 60jährige von 2008 ist fit, sportlich und agil, ohne jegliche Anzeichen von Vergreisung, wie wir das noch von den Großeltern kannten. Dementsprechend steigt die Lebenserwartung bei besserer Lebensqualität an. Die „Alten" von heute wollen nicht im Siechtum enden, sondern sportlich vom Mountainbike möglichst direkt ins Grab fallen, eben: Fit in die Kiste! Diese Grundeinstellung mit der Sehnsucht nach einem gesünderen Leben wird die Gesundheitsbranche, aber auch jegliche Wellnessangebote und gesundheitliche Prävention beflügeln. Zudem darf nicht vernachlässigt werden, dass die Generation 50+ über die Hälfte des Gesamtvermögens in Deutschland ihr Eigentum nennt. Folge: Kaufkraft + Sehnsucht nach Gesundheit und Lebensqualität = Schub für die gesamte Gesundheitsbranche. Was viele nicht wissen: Die Gesundheitsbranche ist mit einem Marktvolumen von 240 Mrd. € und mehr als 4 Mio. Beschäftigten der eigentliche Marktführer in Deutschland. Gesundheit wird zweifelsohne in Deutschland boomen – dazu trägt schon die rasante Entwicklung in der Medizintechnik und bei Operationstechniken, wie der minimal invasiven, bei. Zudem wird es gerade bei Krankenhäusern zu einer verstärkten wirtschaftlichen Denkweise mit einem Konzentrationsprozess, aber auch neuen Modellen (Krankenhäuser als Gesundheitshotels) kommen. Ärzte werden den Kunden und dessen Begeisterung an Stelle des unaufgeklärten Patienten entdecken müssen. Der Wind des Wettbewerbs wird durch die Arztpraxen wehen, ob das die Ärzte nun wollen oder nicht. Die Sehnsucht nach Schönheit wird die kosmetische Chirurgie befeuern und die Wellnessoasen werden zum Inbegriff von Lebensqualität werden. Altersheime werden zunehmend von betreuten Wohnangeboten bedroht werden. Und die Pharmaindustrie wird uns noch ein ums andere Mal überraschen; Viagra war hier erst der Anfang. All diese Trends werden Gesundheit zu einem wesentlichen Wachstumsfaktor treiben; manche, wie Leo F. Nefiodow, erwarten von der Gesundheitsbranche schon den 6. Kondratieff. Eben jenen alles prägenden Zyklus, der die derzeit dominierende Informationstechnologie ablösen könnte.

XI.8 Wasser – das Erdöl der Zukunft

Zwar sind 70% der Erdoberfläche mit Wasser bedeckt – allerdings fast ausschließlich von Salzwasser. Etwa 2,5% des Wassers auf unserer Erde ist verträgliches Süßwasser, wovon alleine wiederum 96 Prozent in Gletschern oder geologischen Schichten der Erde gebunden sind. Nur etwa 40000 Kubikkilometer Süßwasser befinden sich frei in den Ökosystemen wie Bächen, Flüssen, Seen oder im Grundwasser und stehen damit zur Grundversorgung der Menschen zur

Verfügung. Nicht die Gesamtmenge an Süßwasser ist das Problem, sondern dessen globale Verteilung sowie seine Qualität. Immer mehr Menschen weltweit haben keinen Zugang zu sauberem Trinkwasser, was wiederum in der Folge Ursache für verschiedene Erkrankungen ist.

Eine Milliarde Menschen ist heute immer noch ohne Zugang zu qualitativ einwandfreiem Trinkwasser, etwa 2,8 Milliarden Menschen verfügen über keinerlei Zugang zu ausreichenden Sanitäranlagen, was einen Teufelskreis bedeutet. Fehlende Abwasserentsorgung bedingt verschmutztes Trinkwasser, das zur Quelle von Keimen verschiedenster Art wird. Heute leiden etwa 20 Prozent der Weltbevölkerung in 30 Ländern unter akutem Wassermangel, im Jahr 2015 prognostizieren Experten 30 Prozent in 50 Ländern. Wachsende Erdbevölkerung, fortschreitender Klimawandel und Umweltverschmutzung werden diese Tendenz noch verschärfen. Besonders Asien, Afrika und Lateinamerika werden in der Zukunft unter Wasserknappheit leiden; militärische Konflikte um Trinkwasser werden wahrscheinlich sein.

Die Gewinnung, Aufbereitung und Verteilung von sauberem Trinkwasser wird für Unternehmen zu einem riesigen Geschäft werden. Siemens schätzt den Wassermarkt auf etwa 400 Milliarden Dollar mit einem durchschnittlichen Wachstum von 6 Prozent im Jahr. Davon entfallen alleine 80% auf Rohre und Gebäude; die restlichen 20% auf ein breites Spektrum an Wasseraufbereitung. Dieser Megamarkt reicht also von der Meerwasserentsalzungsanlage über Osmoseverfahren, den Staudammbau bis hin zur Rohrsanierung und der Errichtung von Kläranlagen.

XI.9 Explodierende Städte

Schätzungen gehen davon aus, dass die Weltbevölkerung von heute 6 Milliarden bis 2050 auf 9 bis 11 Milliarden ansteigen wird. Dieses Bevölkerungswachstum wird zu etwa 90 Prozent in den Entwicklungs- und Schwellenländern stattfinden. Die Landbevölkerung wird in der Folge zu Gunsten eines ungebremsten Städtewachstums schrumpfen. Megacitys wie Lagos, Bombay, Shanghai oder Mexiko-City werden Größenordnungen von 30 Millionen Einwohnern mit all ihren ökologischen, wirtschaftlichen und sozialen Herausforderungen annehmen. Alleine in Asien, Afrika und Lateinamerika erwarten Zukunftsforscher 100 dieser Megacitys.

Die große Herausforderung wird zum einen in der Befriedung von sozialen Konflikten und der Beherrschung von Kriminalität, zum anderen in der Infrastruktur und Umweltpolitik liegen. Alleine das Müllmanagement, die Abwasserentsorgung sowie die Vermeidung von Luftverschmutzung durch fossile Brennstoffe werden diese Städte vor bislang in dieser Dimension nicht gekannte Probleme stellen.

Die Lösung für die Probleme der Megacitys von morgen könnte ein Konzept sein, das zurzeit auf der Insel Chongming entsteht, 40 Kilometer nördlich von Shanghai im Delta des Jangtsekiang-Flusses gelegen: Dangton, die erste Ökostadt der Welt. Der hohe Anspruch dieses Projektes ist es, eine Stadt vollständig umweltfreundlich zu gestalten – von der Infrastruktur über Abwasser- und Müllentsorgung bis hin zur Energieerzeugung. In der Praxis bedeutet dies Verkehr nur mit Elektroautos bzw. Fahrzeugen mit Wasserstoffantrieb, öffentlichen Verkehrsmitteln und Fahrrädern, Ernährung aus Öko-Landwirtschaft und Häuser, die modernsten Klimaschutzkriterien entsprechen. Der gesamte Energiebedarf dieser Öko-Stadt wird aus Biomassekraftwerken, Solarenergie und Windrädern gewonnen. Die große Vision, die hinter dem Projekt steckt, lautet „zero emissions", also eine neutrale Umweltbilanz. Die erste Bauphase von Dongtan soll bis zur Expo 2010 in Shanghai abgeschlossen sein, bis 2020 sollen 80000 Menschen in der Vorzeigestadt wohnen, bis 2050 sollen es gar 500000 Einwohner sein. Ein ähnliches Zukunftsprojekt soll am Rande von Abu Dhabi in der Wüste auf 640 Hektar entstehen: Masdar-City (Masdar bedeutet Quelle), das ab 2016 von 50000 Menschen bewohnt werden soll und die gleichen ambitionierten Ziele wie Dangton verfolgt. Energie sollen dabei Windkraftanlagen und ein gewaltiges Photovoltaikkraftwerk mit über 100000 Modulen liefern.

Freilich gibt es über die drei beschriebenen Beispiele hinaus noch eine Vielzahl interessanter Zukunftstrends, die von Nanotechnologie über Photonik bis hin zu Gen- und Biotechnologie reichen, deren Abhandlung jedoch den Rahmen und die Aufgabenstellung dieses Buches sprengen würden. Wer tiefer in Zukunftstrends einsteigen möchte, den darf ich auf den Zukunftsmanager Pero Micic verweisen.[40]

Abschließend noch eine kleine Denksportaufgabe für Sie: Was sind die wichtigsten Zukunftstrends Ihrer Meinung nach für Ihr Unternehmen? Und wie reagieren Sie darauf?

....

....

....

....

....

....

....

....

....

....

....

....

....

„Die Zukunft hat viele Namen. Für die Schwachen ist sie die Unerreichbare. Für die Furchtsamen ist sie die Unbekannte. Für die Mutigen ist sie die Chance." – Victor Hugo (1801 – 1885), frz. Dichter

40 Micic, P., Das Zukunftsradar, Die wichtigsten Trends, Technologien und Themen für die Zukunft, Gabal management, 2006

XII KUNDENORIENTIERUNG IST OUT, KUNDENBEGEISTERUNG IN

„Eigentlich bin ich ganz anders, ich komm nur viel zu selten dazu" – Udo Lindenberg, deutscher Popsänger

Betreten wir nun das letzte Terrain unseres Baukastens: die Kundenbegeisterung. Ich spreche hier ganz bewusst nicht von Kundenzufriedenheit, sondern von begeisterten Kunden, denn wir wollen uns als Unternehmen ja gerade vom Wettbewerb abheben. Differenzierung durch Andersartigkeit – so lautet das Motto der Zukunft. Es geht also nicht darum, die Erwartungen der Kunden lediglich zu erfüllen, sondern diese zu übertreffen. Das muss unser Anspruch sein. Ja Sie lesen richtig: Kundenerwartungen ü-b-e-r-t-r-e-f-f-e-n und Kunden b-e-g-e-i-s-t-e-r-n! Wir wollen unsere Unternehmen zu Kundenwohlfühlcentern entwickeln – das sollte unsere Vision im Hinblick auf unsere Kunden sein! Und wir möchten unsere Kunden emotional berühren. TOUCH! Darum geht es.

> *An einer viel befahrenen Straße lagen nebeneinander zwei Tankstellen. Während an einer die Zapfsäulen ständig belegt waren, herrschte an der zweiten Tankstelle gähnende Leere. Auf die Frage nach dem Grund antwortete mir der Chef der erfolgreichen Tankstelle: „Die haben eine Tankstelle! Wir sind hingegen ein Service-Betrieb!"*

Servicequalität bietet Unternehmen (aber im Übrigen auch der öffentlichen Verwaltung) eine riesige Chance sich zu differenzieren. Womit können sich Unternehmen heutzutage ansonsten vom Wettbewerb abheben und unverwechselbar bleiben? Sicherlich mit einer MARKE! Die Entwicklung und Einführung einer Marke kostet jedoch nicht unerheblich Geld und kommt daher gerade für Mittelständler und Kleinunternehmen nicht in Frage. QUALITÄT? Ist heute eine absolute Grundvoraussetzung, dass man am Markt überlebt, insbesondere weil Produkte sich immer mehr ähneln und austauschbar werden. PREIS? Wäre sicher eine Möglichkeit, führt aber langfristig in die Sackgasse oder in die Insolvenz, wie uns beispielsweise die ruinöse Preispolitik der Bauwirtschaft in den neunziger Jahren gelehrt hat. DESIGN? Ist ein gewichtiges Verkaufsargument, weshalb intelligente Unternehmen bereits heute diese Chance erkannt haben. Bleibt als Megachance: S-e-r-v-i-c-e, S-e-r-v-i-c-e, S-e-r-v-i-c-e! Wer begeisterte Kunden hat, der schafft nicht nur dauerhafte Kundenbindungen, sondern entwickelt Schneebälle zu Marktlawinen, denn die Weiterempfehlung durch begeisterte Kunden ist unbezahlbar. Dieses so genannte Empfehlungs-Marketing ist quasi Kundengewinnung ohne eigene Akquisition.

„Wir sind schon ein merkwürdiges Volk, wenn wir mit Freude Maschinen bedienen, aber jedes Lächeln gefriert, wenn es sich um die Bedienung von Menschen handelt!" – Roman Herzog (*1934), ehem. Deutscher Bundespräsident

„Es gibt eine Wüste, die von Berchtesgaden bis Flensburg reicht – die deutsche Servicewüste!"

In der Tat ist Deutschland leider immer noch eine Service-Wüste, unterentwickelt im Dienen und Bedienen. Wie häufig wird der Kunde in einem Anflug von Arroganz als Störenfried oder gar als Feind begriffen und behandelt frei nach dem Motto: Der will ja noch etwas von uns. Welch eine Unverschämtheit! Jetzt schlagen wir einfach zurück! Und gerade hier liegt eine Riesenchance für Unternehmen, die sich bedingungslos der Servicequalität verschreiben – sie werden zur Oase in der Servicewüste Deutschland. Was sich spürbar in den Ergebnissen niederschlagen wird:

Eine Verbesserung des Serviceklimas um 1% führt nach Untersuchungen zu 2% mehr Umsatz.[41]

---

41 Lyle Spencer, präsentiert bei der Tagung des Consortium for Research on Emotional Intelligence in Organizations, Cambridge, Massachusetts, 19. April 2001

Unglaublich, welche Hebelwirkung Sie mit einer signifikanten Verbesserung der Servicequalität in den Händen halten. Doch bevor wir uns an die Herausforderung „Kundenbegeisterung“ heranwagen, lassen Sie uns einen Blick auf typische ‚**Servicezwerge**‘ werfen.

Wer hat sich nicht schon über die Deutsche Telekom geärgert? Über die Computerstimme, die den Hilfe suchenden Kunden immer wieder auffordert, sein Anliegen zu nennen: „Ich habe nicht verstanden, bitte wiederholen Sie.“ Wenn man schließlich diese erste Hürde mit steigender Verzweiflung gemeistert hat, ist weiteres Durchhaltevermögen und ein eisernes Nervenkostüm gefordert – es beginnt die Phase des Eintauchens ins Nirvana der Warteschleifen. Mein bisheriger Rekord liegt bei 40 Minuten Warteschleife ohne absehbares Ende: Ich habe dann entnervt aufgelegt, weil die Gefahr mit jeder weiteren Sekunde exponentiell zunahm, dass ich mein Telefon an die Wand werfen könnte. Besonders ärgerlich wird es dann, wenn man endlich eine menschliche Stimme hört, die einen schließlich wieder (versehentlich?) aus der Leitung wirft. Oder wenn zu Beginn des Telefonats ein Werbespot eingespielt wird (…“kennen Sie schon das Internet-Fernsehen der Zukunft?......), der Kunde jedoch eine schnelle Lösung seines Problems erwartet. Nach meinem oben beschriebenen Warteschleifen-Knock-Out habe ich einen T-Punkt an meinem Ort im Zustand höchster Verzweiflung aufgesucht und musste erfahren, dass auch dort blanke Hilflosigkeit herrscht: Nicht einmal die Mitarbeiter vor Ort können persönliche Servicenummern anrufen; auch sie müssen sich über die „Hotlines“ Hilfe holen.

Lieber Herr Obermann, Sie hatten eine Service-Initiative bei ihrem Antritt als Vorstandsvorsitzender angekündigt. Ich spüre als ihr Kunde bislang nichts, aber auch gar nichts davon. Ich habe mich allerdings auch gefragt, wie sie ihre Mitarbeiter im Service zu besserer Leistung motivieren wollen, wenn sie deren Arbeitsplätze in andere Gesellschaften auslagern und die Gehälter kürzen. Vielleicht wäre es sehr hilfreich, wenn Sie und Ihre Vorstandskollegen jedes Jahr für ein paar Tage an die „Front“ gingen – zum Kunden, in ihre

T-Punkt-Niederlassungen, ans Telefon: Dann könnten Sie die Wahrheit über Ihren Service erfahren!

Nächster Servicezwerg: Quelle oder Primondo (mittlerweile kennt man sich mit den Namen im Karstadt-Quelle-Konzern, der jetzt Arcandor heißt, nicht mehr aus). Ich hatte eine Waschmaschine bestellt, die über Wochen nicht geliefert wurde. Auf Nachfrage stellte sich heraus, dass die Bestellung storniert wurde, weil man mich bei der Anlieferung nicht angetroffen hatte (eine Benachrichtigung zuvor hatte ich nicht erhalten!). Meine erneute Bestellung wurde dann zwar zügig bearbeitet, am geplanten Anlieferungstag erhielt ich jedoch ein Zeitfenster von sechs Stunden: Ich sollte mich von 7 Uhr bis 13 Uhr bereithalten. „Bitte haben Sie Verständnis, dass wir wegen der ständig wechselnden Verkehrssituation für die Lieferung keine Uhrzeit nennen." Liebe Vorstände, geht's vielleicht noch etwas genauer? Es gibt nämlich manche Menschen, deren freie Zeit durchaus etwas knapper bemessen ist.

Ganze Heerscharen von Servicezwergen findet man in der Gesundheitsbranche. Bezeichnenderweise kennt diese den Begriff des Kunden nicht; Patient steht hier als Synonym für einen Kunden zweiter oder dritter Klasse. Nomen est omen: Patienten kommen als hilfsbedürftige Bittsteller, Kunden fordern eine Gegenleistung für ihr Geld. Wie oft haben Sie sich schon über überfüllte Wartezimmer geärgert, in denen Sie stundenlang warten mussten? Wie oft hatten Sie in Arztpraxen oder Kliniken das Gefühl, dass der behandelnde Arzt Sie als Mensch erst gar nicht wahrnehmen wollte, weil Sie fachlich mit ihm nicht auf Augenhöhe sein konnten?

Gerade in der Gesundheitsbranche wird wegen Gesundheitsreform und verschärftem Wettbewerb in der Frage der Servicequalität ein radikales Umdenken stattfinden müssen.

Diaspora in Sachen Service ist weiterhin die öffentliche Verwaltung, in der sich der Schritt vom hoheitlichen Beamtendenken zum modernen Dienstleistungsunternehmen nur quälend langsam vollzieht. Dabei bietet Servicequalität gerade im öffentlichen Sektor die Megachance sich mit einer bürgerfreundlichen Verwaltung positiv vom Einheitsbrei abzuheben. Allein mit der Einrichtung von Service-Centern wie beispielsweise bei der Finanzverwaltung ist es nicht getan, wenn in den wenig repräsentativen Räumen weiterhin der Amtsschimmel wiehert, ein Lächeln und freundliche Worte hingegen Seltenheitswert haben. Dass sich gerade der öffentliche Dienst mit Servicequalität noch schwer tut, wurde mir anlässlich eines Kongresses mit Entscheidungsträgern von Kommunen in Berlin deutlich vor Augen geführt. Als das zarte Pflänzchen „Service" andiskutiert wurde, wehte ein Sturm der Entrüstung durch den Saal: „Was sollen wir denn noch alles machen?" Und damit war das Pflänzchen mit Brachialgewalt zertreten.

Liebe Kommunalvertreter, Service fängt immer ganz oben an! Denken Sie bitte demnächst daran.

Zu den ganz großen Service-Ärgernissen zählen gebührenpflichtige Telefon-Hotlines, die schnelle Hilfe versprechen und dennoch nicht einhalten. Dies ist ohnehin die Todsünde im Kundenservice: nicht eingehaltene Versprechen. Nicht selten passiert es, dass man eine dieser Hotlines anruft und nach einer Weile von einer freundlichen Damenstimme wieder aus der Leitung hinaus komplimentiert wird, weil eben gerade keine freier Sachbearbeiter verfügbar wäre: „Rufen Sie doch bitte einfach später wieder an!" Wenn einem Kunden diese Behandlung dann fünfmal hintereinander widerfährt und er jedes Mal dafür pro Minute 0,14 € an Telefongebühren bezahlt, keimt verständliche Wut auf. Die Lösung könnte dann – wie auf der Website angeboten – eine Übersendung des Problems mittels E-Mail sein, versprochen wird ein baldiger Rückruf bzw. eine schnelle Lösung „Ihres Problems". Spätestens dann geht der Kunde endgültig verloren, wenn er nach drei Tagen immer noch keine Reaktion des Unternehmens erhalten hat.

Unsere Zwergenshow ließe sich unendlich und beliebig mit vielen bitteren Service-Anekdoten fortsetzen – ich will jedoch darauf verzichten, weil wir uns lieber mit den Service-Riesen, ihren Geheimnissen und der Kundenbegeisterung beschäftigen wollen.

> Der Wiener Feuilletonist Alfred Polgar soll einmal zu einem Kellner, der ihn äußerst unfreundlich bediente, gesagt haben: Herr Ober, Sie hätten Gast werden sollen!"

Ob ein gebotener Service gut ist, entscheiden immer und ausschließlich Ihre Kunden und nicht irgendwelche internen Maßstäbe oder Qualitätsmanagement-Handbücher. Die wahrgenommene Servicequalität wird also durch die Kundenerwartungen determiniert; es findet bei den Kunden ein Abgleich zwischen erwarteter und erlebter Servicequalität statt. Kommt es insoweit zu einer Deckung, dann haben wir zufriedene Kunden. Wir wollen aber mehr, wir streben nach begeisterten Kunden. Dazu ist es notwendig, die Erwartungen der Kunden nicht nur zu erfüllen, sondern zu übertreffen. Übertreffen bedeutet, dass wir die Kunden mit unserem Service überraschen und sie zum Erstaunen bringen.

> „Für den ersten Eindruck gibt es keine zweite Chance!"

Die Weichen, ob Ihnen ein Unternehmen oder eine Behörde sympathisch ist oder nicht, werden eigentlich bereits mit der ersten Kontaktaufnahme gestellt. Erfolgt diese telefonisch, dann werden Sie intuitiv auf die Stimme Ihres Gesprächspartners reagieren: Ist diese angenehm und zuvorkommend und stellt sich der Gesprächspartner auf Sie ein? Oder agiert er eher routiniert im Sinne einer Massenabfertigung? Bereits in diesem Stadium macht der Ton die entscheidende Musik. Von besonderer Bedeutung bleibt gerade beim telefonischen Kontakt die Reaktionszeit: Hebt jemand spätestens nach dem dritten Klingelton ab oder wird man minutenlang ins

Nirvana der Warteschleifen umgeleitet? Besonders ärgerlich und meines Erachtens eine echte Service-Todsünde ist es, wenn für einen Anruf gesonderte Telefongebühren je Minute kassiert werden und der Anrufer permanent in der Warteschleife vertröstet wird. Dem Ganzen wird häufig die Krone dadurch aufgesetzt, dass man nach minutenlangem Warten mit oftmals kläglicher Musikbeschallung am Ende aus der Leitung fliegt. Dieses Kundenquälverhalten liegt in etwa auf dem Service-Niveau der Deutschen Bahn, die für den Ticketverkauf am Schalter noch eine Extragebühr von 2,50 € abzocken wollte, was jedoch noch rechtzeitig verhindert werden konnte.

Besucht man ein Unternehmen persönlich, so beginnt dieser erste Eindruck bereits mit den Kundenparkplätzen und so trivialen Dingen wie der Beschilderung. Bei manchen Unternehmen wird es Kunden richtig schwer gemacht, den Haupteingang zu finden. Derartige „Schnitzeljagden" mögen Kunden zwar an alte Pfadfinderzeiten oder den Orientierungsmarsch bei der Bundeswehr erinnern, sind jedoch wenig hilfreich, um beim Service zu punkten. Weiter geht's mit dem Empfang. Ist die Eingangshalle freundlich, Licht durchflutet, mit angenehmen Farben, einer Lounge mit Kaffee und kalten Getränken sowie Internet und Tageszeitung, um die Wartezeit zu verkürzen oder erinnert der Eingangsbereich eher an eine dunkle Rumpelkammer, in der sich Postkisten stapeln und ein abgewetztes Ledersofa steht? Und wie reagiert die Empfangsdame: Mit einem freundlichen Lächeln, Interesse und Hilfsbereitschaft oder hat sie eher den Kommandoton von osteuropäischen Grenzsoldaten vor der Wende? Täuschen Sie sich nicht: Menschen haben ganz feine Antennen und spüren sehr wohl, ob jemand eine aufgesetzte Freundlichkeit an den Tag legt oder ob er mit echter Herzlichkeit und wahrhaftigem Interesse auf sein Gegenüber zugeht. Untersuchungen haben ergeben, dass Menschen ihr Gegenüber innerhalb von ein bis zwei Sekunden scannen, um die Glaubwürdigkeit und die Echtheit des Gesprächspartners einschätzen zu können. Und die nächste Service-Todsünde lauert hier: Spürt der Kunde, dass der Empfang nur eine aufgesetzte oder antrainierte Freundlichkeit zu bieten hat, geht er zwangsläufig in eine Abwehrposition. Menschen erkennen intuitiv, ob ein Lächeln echt oder nur einstudiert und gekünstelt ist. Und noch etwas: Der Sozialpsychologe Michael Argyle fand bei Untersuchungen heraus, dass 85 Prozent über Gestik und Mimik des Gesprächspartners wahrgenommen werden.

Mir fallen immer wieder krampfhafte und fast schon kabarettistische Versuche für Servicequalität im täglichen Leben auf. Eine deutsche Discountkette hat ihren Kassiererinnen einen großen Button gut sichtbar auf den Kittel geklebt auf dem der Kunde lesen kann: ICH BIN FREUNDLICH! Sie können sich vorstellen, welch humoristische Note diese Szenerie bekommt, wenn vor Ihnen an der Kasse eine gestresste und mürrische Mitarbeiterin sitzt. Oder die gelangweilte und einstudierte Frage an der Kasse einer Lebensmittelkette: Haben Sie alles gefunden und waren Sie zufrieden? Das wirkt antrainiert und ohne wirkliches Interesse. Liebe Chefs, die so etwas erfunden haben, bitte einmal kurz darüber nachdenken!

Fazit: Wer Kunden begeistern will, muss dafür sorgen, dass der erste Eindruck des Kunden – gleich ob am Telefon oder persönlich – durchweg positiv ist!

XII.1 Die Vision: Werden Sie für Ihre Kunden zum Wohlfühlcenter

Der Weg zum Kundenwohlfühlcenter, den höchsten Weihen für den Unternehmer, erfordert erhebliche Anstrengungen wie sich schon aus dem Wort „Dienstleistungsqualität“ ableiten lässt: In Dienstleistung steckt „dienen“ und das Wort Qualität beinhaltet „Qual“. Vor den Erfolg haben die Götter bekanntlich den Schweiß gesetzt! Bevor Sie sich zum Kundenwohlfühlcenter aufschwingen, sollten Sie erst einmal überprüfen, ob in Ihrem Unternehmen eigentlich schon die Dienstleistungs-Basics eingeführt und umgesetzt sind, die Mindestanforderungen für die Kundenzufriedenheit darstellen. Erst wenn auf diese Mindestanforderungen als Sahnehäubchen der „Touch“, die emotionale Berührung des Kunden, ausgezeichnete Service-Mitarbeiter, die den Dienstleistungsgedanken leidenschaftlich leben und ein ehrliches Beschwerdemanagement hinzukommen, erst dann kann sich Ihr Unternehmen zum Kundenwohlfühlcenter entwickeln. Und wieder gilt der schon mehrfach in diesem Buch angesprochene Grundsatz: Seien Sie auch beim Service andersartig, um sich von Ihren Konkurrenten abheben zu können.

Das folgende Schaubild zeigt die Bausteine eines Kundenwohlfühlcenters:

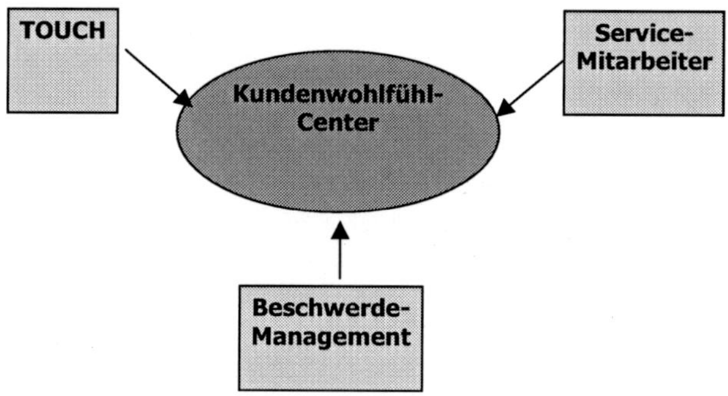

Aber lassen Sie uns zuerst einmal mit den Basics, den Mindestanforderungen für die Kundenzufriedenheit, beschäftigen. Wer mit seinen Mitarbeitern diese nicht lebt, für den wird Kundenbindung lebenslang ein Fremdwort bleiben. Schlimmer noch: Er wird zum Kundenvergrauler, oftmals ohne dass dies sofort bemerkt wird. Denn unzufriedene Kunden verabschieden sich lautlos und für immer! Aus empirischen Untersuchungen ist mittlerweile bekannt, dass lediglich vier(!) Prozent aller unzufriedenen Kunden ihre Beschwerde auch an das Unternehmen richten. Die restlichen 96 Prozent werden hingegen zu wahren Torpedos für das betroffene Unternehmen, denn enttäuschte Kunden erzählen bis zu zehnmal ihre Negativerlebnisse weiter. Das könnte man auch Suizid-Marketing nennen! Der Super-Gau für ein Unternehmen, die Todsünde: einen Kunden zu verlieren! Wer die Erfahrung gemacht hat, wie schwer es ist einen Neukunden zu gewinnen, der wird mir hier zustimmen können.

Was sind nun eigentlich die Mindestanforderungen für Dienstleistungen? Wenn Sie diese Frage Ihren Mitarbeitern stellen, werden Sie mit Sicherheit einen bunten Strauß an Antworten bekommen. Entscheidend ist immer die Erwartungshaltung der Kunden und diese ist von Branche zu Branche höchst unterschiedlich. Während in der Hotellerie die Basisanforderungen bereits sehr hoch sind, erwarten wir von der öffentlichen Verwaltung und vom Imbissbudenbesitzer deutlich weniger. Aber genau hierin liegt die Riesenchance sich innerhalb der Branche besser zu positionieren und mit deutlich mehr Service abzuheben. Beispiele für Mindestanforderungen könnten sein

- schnelle Erreichbarkeit
- Flexibilität
- echte (und nicht gekünstelte) Freundlichkeit
- Zuverlässigkeit
- Hilfsbereitschaft
- Aufmerksamkeit
- positiver erster Eindruck (Sauberkeit, Parkplätze, Empfang)
- individuelle Beratung

Definieren Sie doch gleich einmal die Service-Mindestanforderungen Ihres Unternehmens!

....

....

....

....

....

....

....

Jedes Unternehmen und auch Verwaltungen sollten sich einmal im Jahr die Mühe machen, Ihre Mindestanforderungen der Servicequalität zu definieren bzw. zu überarbeiten. So wie sich die Kundenerwartungen im Laufe der Zeit verändern, so flexibel sollte sich auch die Servicequalität der Unternehmen anpassen. Setzen Sie sich mit Ihren Mitarbeitern zusammen und erarbeiten Sie gemeinsam Ihre Mindest-Standards! Hilfreich kann die Erarbeitung einer Checkliste sein, wie das folgende Beispiel zeigt:

Situation	**Wie verhalten wir uns?**	**Was ist dafür notwendig?**
Wie melden wir uns am Telefon?		
Was sagen wir, wenn der Kunde sich beschwert?		
Wie treten wir bei einem Kundenbesuch auf?		
Wie entschuldigen wir eine Panne?		
Wie zeigen wir dem Kunden, dass wir uns so schnell wie möglich um sein Anliegen kümmern?		
Was muss passieren, wenn das Büro nicht besetzt ist?		

Checkliste Servicequalität[42]

Nachdem Papier bekanntlich geduldig ist, empfehle ich Ihnen die Servicequalität in Ihrem Unternehmen von Zeit zu Zeit genauer unter die Lupe zu nehmen. Da jeder, der längere Zeit in einem Unternehmen arbeitet, erfahrungsgemäß betriebsblind wird (auch die Chefs!), sollte ein derartiger Service-Check immer von außen vorgenommen werden: ungeschminkt und ehrlich. Ich empfehle Ihnen insoweit so genannte Mystery-Shopper: Professionelle Service-Prüfer, die in Ihrem Auftrag Testkäufe vornehmen bzw. Ihr Service-

42 Bestmann,K.; Leyer, B., Servicequalität mit System, Ludwig, 2007

personal in Extremsituationen bringen und anschließend deren Souveränität und Kunden orientiertes Verhalten beurteilen.

Dem ambitionierten Unternehmer reicht es nicht aus, seine Kunden zufrieden zu stellen – er will sie begeistern! Hierzu bedarf es Einsatzes dreier Hebel, die wir nun nacheinander besprechen wollen: Das Berühren des Kunden (Touch), die Auswahl leidenschaftlicher Service-Mitarbeiter und die Einführung eines effizienten Beschwerdemanagements.

XII.2 Berühren Sie Ihre Kunden

> „Wir verkaufen auch Gefühle, Träume und Begehrlichkeiten!" – Dieter Zetsche, Vorstandsvorsitzender Daimler AG

Wie ich bereits bei der Mitarbeiter-Motivation herausgearbeitet habe, ist die emotionale Führung die stärkste „Waffe" des Vorgesetzten, um die Mitarbeiter zu begeistern. Nicht anders verhält es sich den Kunden gegenüber: Wer die Fähigkeiten besitzt, diese emotional zu berühren, der verschafft sich einen entscheidenden Wettbewerbsvorsprung durch Kundenbindung. Kunden wollen heute nicht nur Produkte kaufen, sie wollen Erlebnisse und sie wollen als Partner betrachtet werden. Kunden wollen wahrgenommen werden und sie wollen sich wohl fühlen.

Das nachstehende Schaubild zeigt die Bausteine des Prinzips „Touch“:

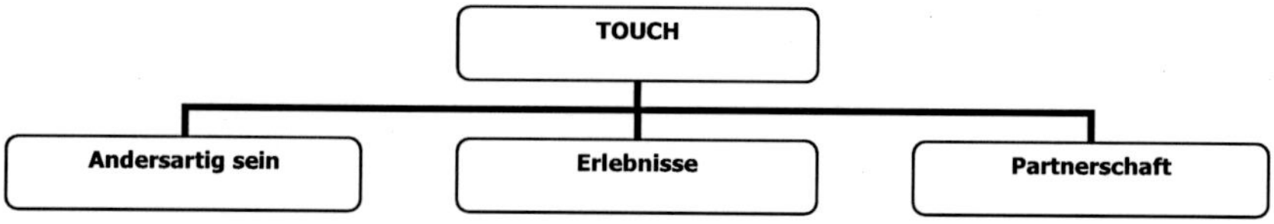

„Wer seine eigenen Wege geht, kann von niemandem überholt werden!“ – Marlon Brando

Eigene Wege gehen nur diejenigen Unternehmen, die nicht ständig wie Kaninchen auf die Schlange, sprich die Wettbewerber aus der gleichen Branche schauen. Wer meint, durch das so genannte Benchmarking, den Branchenvergleich, einzigartig zu werden, der endet zwangsläufig als schlechte Kopie. Wie soll sich ein Unternehmen auch abheben, wenn es immer nur in der ranzigen Branchensoße brutzelt? Benchmarking soll im Werkzeugkasten der Unternehmensberater verrosten, im Übrigen ist es manchmal sogar peinlich, wenn man als Kunde feststellt, dass wieder einmal einer vom anderen abgeschrieben hat. Aber wie finden Sie nun Ihren eigenen, unverwechselbaren Weg?

Beantworten Sie sich einfach zuerst einmal folgende Frage: Was ist für die Kunden Ihres Unternehmens ganz besonders wichtig?

....

....

....

....

....

....

Ich möchte diese Frage anhand eines Schulungsanbieters exemplarisch beantworten. Was erwarten demnach die Kurs- oder Seminarteilnehmer von diesem Unternehmen? Natürlich zuerst einmal Qualität des Kursangebots (gute Referenten und Seminarunterlagen), eine ansprechende Umgebung (saubere Seminarräume, moderne Medienausstattung), reibungslose Organisation, einen akzeptablen Preis, Kontakte zu anderen Teilnehmern, ausreichende Pausenbewirtung. Wenn Sie nun alle diese Punkte erfüllen, sind Ihre Kunden zwar zufrieden, aber ich bezweifle, ob Sie in Ihrer Branche herausragend sind oder andersartig. Ihre Aufgabe ist es, dass Sie sich vom Einheitsbrei abheben. Nun gibt es dem Grunde nach zwei Stellschrauben für die Erlangung dieser Andersartigkeit: Entweder es gelingt Ihnen in einem dieser Kriterien deutlich besser oder spürbar anders zu werden als Ihre Wettbewerber oder Sie erfinden ein weiteres Kriterium, das Ihre Wettbewerber bislang nicht haben. Zum Beispiel könnten Sie Ihren Kunden einen Zusatznutzen bei den Seminarunterlagen bieten, indem Sie über ein Passwort jeden Kursteilnehmer über mehrere Monate mit Zusatzinformationen zum Kursthema per Internet versorgen. Oder ihnen ebenfalls über das Internet Zugang zu einer exklusiven Community mit gleich gelagerten Interessen gewähren.

Möglich wäre auch eine Kombination des Seminars mit völlig andersartigen Elementen. Ich nenne das den Curryeffekt, weil die geschickte Mischung den Erfolg garantiert und die richtige Würze für Ihr Geschäftsmodell ist. Vorbilder für den Curry-Effekt gibt es genügend: Von der Mixtur aus einer Geldanlage und dem FC Bayern München der HypoVereinsbank (mit jedem Heimtor steigen die Zinsen) bis zur Mischung aus Sternekoch und Variete. Auf unser Beispiel übertragen könnte der Curryeffekt beispielsweise dazu führen, dass nicht nur eines der üblichen Seminare abgehalten wird, sondern die Teilnehmer in den Pausen mit Tai Chi entspannen oder Aikido in den Tagungsablauf integriert wird. Oder das Seminar wird mit einer Wanderung in den Bergen Südtirols ergänzt, wobei wir gleichzeitig bei einem anderen Seminarort wären: Das Fünf-Sterne-Hotel auf dem Vigiljoch ist allemal einladender für ein Seminarwochenende als Hintertupfing. Vielleicht könnte als Sahnehäubchen der Südtiroler Reinhold Messner noch für die Bergführung gewonnen werden. Oder Sie verlagern Ihre Tagung in ein Kloster, in dem sich die Teilnehmer nebenbei noch mit Meditation beschäftigen können. Oder Sie engagieren für die Pausenbewirtung einen Sternekoch. Apropos Bewirtung: Kombinieren Sie das Seminar doch gleich mit einem exotischen Kochkurs – so kommen sich die Teilnehmer gleich näher. Diese Variationen könnten jetzt beliebig fortgeführt werden – ich bin sicher, dass Sie für Ihre Branche mit Ihren Mitarbeitern anlässlich eines Kreativmeetings unzählige Möglichkeiten für Ihre Andersartigkeit entdecken werden.

Und jetzt schon mal zum Warmlaufen: Wie können Sie mit Ihrem Unternehmen deutlich besser oder anders werden als Ihre Konkurrenz?

....

....

....

....

....

....

....

....

....

....

....

Falls Sie noch ein bisschen Inspiration benötigen, bitte schön. Da wäre der Zahnarzt, der den Kindern die Angst dadurch nimmt, dass in seinem Wartezimmer für die Kleinen ein Clown für Ablenkung sorgt. Oder die Arztpraxis, die antizyklisch arbeitet: Wir behandeln Sie zu jeder Tages- und Nachtzeit! Vereinbaren Sie einen Termin! Überhaupt steckt in den Heilberufen ein gewaltiges Servicepotential, das nun nach und nach von den Ärzten entdeckt wird. Alleine wer hier seine Denkweise ändert und nicht mehr von den Patienten, sondern vom kundigen Kunden spricht, befindet sich bereits auf dem richtigen Kurs. Also liebe Doktoren, Kaffee und Tee ins Wartezimmer, Internetzugang für die „Kunden" und eine Luftauffrischung mit aromatischen Duftölen. Oder was könnte alleine bereits durch eine bessere Terminplanung gewonnen werden (Vision für die Arztpraxis: Bei uns warten Sie längstens fünfzehn Minuten!).

Friseure, die ihren Kundinnen die Wunschfrisur oder Haarfarbe vorab mit dem eigenen Konterfei per Computer simulieren oder ergänzend noch ein Massage- und Wellnessangebot offerieren, würden sich genauso vom Wettbewerb abheben wie der Bäcker, der die Geburtstagstorte mit einem Liebesgedicht verziert. Oder denken Sie an die Bauhandwerker: Die Sauberkeit könnte ein entscheidender Erfolgsfaktor sein (Wir hinterlassen Ihre Wohnung sauber – Hand drauf!). Und wie könnten Küchenverkäufer profitieren, wenn sie nicht nur die Küche montieren, sondern danach gleich von einem Koch für die Kunden in der neuen Küche ein Essen zubereiten lassen.

Selbst in der Hotellerie könnte noch eine ganze Menge Verbesserungspotential entdeckt werden. Wie wird im Urlaub beim Frühstücksbüffet mit Argusaugen vom Personal darüber gewacht, dass niemand etwas „herausschmuggelt." Drehen Sie doch einfach den Spieß um mit einem Schild am Frühstücksbüffet: Nehmen Sie bitte mit, soviel Sie wollen. Wir möchten, dass es Ihnen gut geht. Oder kalkulieren Sie Ihren Zimmerpreis all inklusive: Telefonate im Inland, Internetzugang und Minibar sind frei (das macht übrigens das Hotel Excelsior in Frankfurt am Main). Eine nette Ergänzung wäre auch ein Touchscreen auf den Zimmern, mit dem sich die Gäste ihr Zimmerfrühstück in Ruhe zusammenstellen könnten. Und zum Schluss noch ein kleiner Hinweis für alle Kaufhäuser: Warum müssen die Kundentoiletten immer im letzten Winkel fast unauffindbar versteckt sein? Mit fast schon entwaffnender Ehrlichkeit entgegnete mir ein Verkäufer einer großen Karstadt-Filiale auf diese Frage: „Das haben schon viele Kunden bemängelt!" „Und warum ändern Sie das nicht", fragte ich. Die Antwort war frappierend: „Ich habe es der Zentrale gemeldet, aber von dort wird nichts unternommen!" Darüber sollten wir jetzt einen Augenblick nachdenken.

„Nach dem Auftrag ist vor dem Auftrag" – Abwandlung eines Zitats von Sepp Herberger, Ex-Fußball-Bundestrainer

Ein sehr wirkungsvolles Instrument der Kundenbindung über die Andersartigkeit ist der **After-Sale-Service**, besonders deshalb, weil er in der Regel vom Kunden nicht erwartet wird. Unter After-Sale-Service verstehe ich keinen Alibianruf durch ein Call-Center (bitte niemals, wäre eine Service-Todsünde), sondern eine ehrliche Nachfrage durch den Monteur, Bauleiter oder Sachbearbeiter des Unternehmens: „Hat alles gepasst, waren Sie zufrieden? Was können wir noch für Sie tun?" Sollte der Kunde etwas reklamieren, so ist es oberstes Servicegebot, dass der Mangel umgehend und zuverlässig beseitigt wird. After-Sale-Service schafft Nähe und Vertrauen und gibt dem Kunden am Ende die Gewissheit, die richtige Wahl getroffen zu haben. Und es ist eine willkommene Gelegenheit für eine persönliche Kontaktaufnahme mit dem Kunden. Nicht selten entstehen aus einem Anruf Folgeaufträge. Überhaupt gilt: Nutzen Sie jede Möglichkeit, um mit Ihren Kunden persönlich Kontakt aufzunehmen.

XII.3 Überraschen Sie Ihre Kunden mit Erlebnissen

Es genügt heute nicht mehr qualitativ gute Produkte oder Dienstleistungen anzubieten, die Kunden wollen Emotionen und Erlebnisse, sie wollen berührt werden. Es reicht beispielsweise nicht mehr, eine „normale" Bank zu sein wie die Deutsche Bank mit ihrer Filiale in der Friedrichstraße in Berlin-Mitte demonstriert. „Unter dem Motto, „die Deutsche Bank der Zukunft" setzt man dort ganz klar auf Emotionen. Es ist eben nicht mehr nur eine nüchterne Bank, sondern eine Erlebnislandschaft, bestehend aus Cafe, einer Lounge, einem Trendshop und einer Kinderbetreuungsecke."[43]

Besonders pfiffig agieren die „+Zahnärzte", ein Praxisverbund an mehreren Standorten, die in drei Schichten an sieben Tagen pro Woche rund um die Uhr arbeiten. Statt einer kalten Praxis mit sterilem Warteraum und abgegriffenen Zeitschriften gibt es zeitgenössische Kunst, Relax-Zonen und Lounge-Räume. Und für die Kleinen stehen ein Piratenschiff-Wartezimmer und Behandlungsräume im Stil von Dschungelbuch & Co bereit. Und auf die Patientenparty kamen zuletzt über 1700 zufriedene Gäste.[44]

---

43 Förster,A., Kreuz, P., Alles, außer gewöhnlich, Provokante Ideen für Manager, Märkte und Mitarbeiter, Econ, 2007

44 aus www.business-querdenken.com

Wer erwartet von einem Zahnarzt außer dem Bohrer schon eine Erlebniswelt? Eben das ist das Besondere: Sie müssen Ihre Kunden wie ein Guerillero aus dem Hinterhalt überraschen – mit dem Unerwarteten. So kann ein Staunen und ein Wow entstehen, der Nährboden für das Empfehlungsmarketing. Ich verspreche Ihnen, dass Ihre Kunden ihr Erlebnis weiter erzählen werden – mehrfach. Und Sie bekommen ganz automatisch neue Kunden. Zum Erstaunen können Sie Ihre Kunden auch mit kleinen, aber überraschenden Nebenleistungen bringen. Wie wäre es mit der kostenlose Autowäsche, während sich die Kunden bei Ihnen aufhalten? Oder der Rückenmassage, während sie warten? Ungewöhnlich wäre auch die Abfrage der Kundenzufriedenheit nach dem Besuch mittels Pinsel und Farbe. Hängen Sie in Ihrem Eingangsbereich ein große Leinwand auf und bitten Sie Ihre Kunden den Grad Ihrer Zufriedenheit farbig aufzutragen: Grün für sehr zufrieden bis rot für schwach und schwarz für katastrophal. So wird nach und nach ein abstraktes Kunstwerk entstehen, geschaffen von Kundenhand, das gleichzeitig tagesaktuell über das Farbenspektrum ein Zufriedenheitsbarometer ist. Zugegeben eine Spielerei, aber eine pfiffige, besonders wenn Sie dieses „Kunstwerk" später ganz oder in Teilen für einen karitativen Zweck versteigern lassen.

Sehr gut kommt auch ein namentlicher Empfang an. Schreiben Sie auf eine Tafel oder elektronische Anzeige in Ihrem Foyer ganz einfach: Herzlich willkommen bei uns, Herr Meier. Noch überraschter ist der Kunde, wenn sie ihm namentlich einen Parkplatz reservieren. Erwarten Sie Kunden aus dem Ausland, beflaggen Sie doch einfach Ihren Eingang mit dessen Fahne. Übernachten Ihre Kunden in Ihrer Stadt, bieten Sie Ihnen eine Stadtbesichtung mit Ihren Mitarbeitern an. Oder wie wär's mit einem kostenlosen Abholservice vom Bahnhof oder Flughafen? Für Autofahrer könnten Sie bei Ihrem Empfang die aktuellen Staumeldungen anzeigen. Oder legen Sie Äpfel aus, auf denen sich Ihr Firmenlogo befindet.

Gerade Weihnachten eignet sich gut für Überraschungen. Locken Sie anstatt der obligatorischen und meist einfallslosen Weihnachtskarte Ihre wichtigsten Kunden doch einfach mal in den Wald. Dort darf sich jeder bei Glühwein und Plätzchen seinen Weihnachtsbaum aussuchen, den Sie dann spätestens einen Tag vor dem Heiligen Abend anliefern lassen. Oder Sie verschenken ausnahmsweise mal ein Kochbuch, allerdings mit den Kochrezepten und Bildern Ihrer Mitarbeiter. Das ist persönlich und schafft Verbundenheit. Denkbar wäre auch eine CD mit Weihnachtsliedern, die Ihre Mitarbeiter aufgenommen haben. Und wenn es schon eine Weihnachtskarte sein soll, wie wäre es dann mit einer, auf der Ihre Mitarbeiter auf einem Foto zu sehen sind. Sie sehen, es sind viele „Überraschungsangriffe" vorstellbar. Aber nun sind Sie wieder an der Reihe.

Welche Erlebnisse könnten Sie sich für Ihre Kunden vorstellen?

....

....

....

....

....

....

XII.4 Partnerschaft schafft Vertrauen

Die Kunden von heute haben ein anderes Selbstverständnis und eine andere Erwartungshaltung als noch vor zehn Jahren: Sie wollen als Partner auf Augenhöhe wahrgenommen werden. Täuschen Sie sich nicht: Kunden spüren sehr wohl, ob ein Unternehmenskonzept auf sie eingestellt ist, sie also im Mittelpunkt Ihres Handelns stehen. Und sie wollen mitmachen. Dieser Trend wird sich meines Erachtens in der Zukunft schon alleine wegen der Generation Web 2.0 noch verstärken. Ich meine damit die heutigen jungen Internet-Nutzer, die das Web als Spielwiese und Gestaltungsspielraum für sich entdeckt haben. Nicht umsonst erfreuen sich Communities wie StudiVz, ICQ oder YouTube solcher Beliebtheit. Und dieser Mitmachanspruch wird in Zukunft vermehrt auf die Unternehmen überschwappen. Der mündige Kunde von morgen will dabei zusehen, wie sein Produkt geprüft oder sein Bauwerk hergestellt wird. Möglichst live. Also empfehle ich Ihnen Webcams zu installieren, so dass sich Ihr Kunde jederzeit via Internet zuschalten kann. Überhaupt Internet: Ich bin der Auffassung, dass viele Unternehmen die gigantischen Möglichkeiten, die das Web 2.0 bietet, noch nicht nutzen. Bieten Sie doch Ihren Kunden über das Internet einen spürbaren Zusatznutzen, so wie das beispielsweise der amerikanische

Landmaschinenhersteller John Deere praktiziert. Zum eigentlichen Produkt hat John Deere eine spezielle Wissensplattform für seine Kunden geschaffen. Wer beispielsweise einen Traktor von John Deere erwirbt, wird damit Mitglied einer Wissenscommunity, die dem Kunden einen intensiven fachlichen Austausch ermöglicht. „Deere macht den Landwirten das Leben leichter und ihre Arbeit produktiver, indem das Unternehmen ihnen Zugang zu wichtigen Informationen über ein interaktives System anbietet."[45] Oder denken Sie an die Gewinnung von Nachwuchskräften, den Leistungsträgern von morgen. Diese informieren sich in Zukunft lieber multimedial als dass sie Papier durchblättern. Da liegt es doch auf der Hand, dass Sie Ihr Unternehmen mit einem kleinen Filmbeitrag auf Ihrer Homepage vorstellen. Oder Sie präsentieren gleich das spezielle Arbeitsumfeld, für das Sie Bewerber suchen mit einem Film im Netz. Machen Sie Ihre Unternehmenswelt zum Kino! Ein letzter Punkt in diesem Zusammenhang: Warum senden Sie als Unternehmenschef nicht regelmäßige Videobotschaften an Ihre Mitarbeiter?

Zurück zur Partnerschaft, die die Basis für langfristige Kundenbeziehungen darstellt. Kunden wollen nicht nur als „Geldesel" betrachtet werden, sondern sie wollen sich mit Ihnen auf Augenhöhe befinden. Und genauso wollen sie auch von Ihnen und Ihren Mitarbeitern behandelt werden. Dies beginnt beim Verkaufgespräch bereits mit der Präsentation. Bitte liefern Sie keine 08/15-Standardpräsentation, die Sie schon bei vielen Kunden an die Wand gebeamt haben, sondern eine individuelle Vorstellung, die auf Ihren Kunden maßgeschneidert zugeschnitten ist. Wer mit Standardpräsentationen ohne jegliche individuelle Note zum Kunden geht, zeigt nur, dass er sich wenig Arbeit machen will und die Einzigartigkeit jedes Kunden überhaupt nicht verstanden hat. Wer jedoch Angebote und Präsentationen individuell auf seine Kunden und deren Bedürfnisse zuschneidet, wird diese nicht nur überraschen, sondern auch emotional berühren. Das Herz von Präsentationen ist die Außensicht und nicht eine Selbstbeweihräucherung des eigenen Unternehmens. Überhaupt Präsentationen: Bei Würth hat man herausgefunden, dass man für einen Besuch durchschnittlich 19 Minuten Zeit vom Kunden bekommt. Diese Zeit gilt es also sinnvoll zu nutzen und nicht mit nervigen Notebookaufbauten zu vergeu-

45 Förster, A., Kreuz, P., Alles außer gewöhnlich, a.a.O.

den. Und noch etwas: Kundenbegeisterer hören aufmerksam zu und erfühlen die Probleme und Bedürfnisse ihrer Gesprächspartner.

Geben Sie Ihren Kunden das Gefühl, Sie seien etwas ganz Besonderes für Sie. Sehr gut eignet sich hierfür die Einrichtung eines „Walk of Fame" auf Ihrem Firmengelände. Adeln Sie Ihre wichtigsten Kunden dadurch, dass Sie ihnen ein für alle sichtbares Zeichen setzen, indem Sie in den Zugangsweg zu Ihrem Firmengebäude das Firmenlogo Ihrer wichtigen Geschäftspartner deutlich sichtbar einbauen. Und in der Dunkelheit könnte das Glaslogo sogar von unten beleuchtet werden. Natürlich würde der Einbau des Logos mit einem feierlichen Empfang für Ihre Kunden verbunden werden – und schon hat man wieder eine Gelegenheit geschaffen, das Band des Vertrauens und der Sympathie enger zu knüpfen. Überhaupt sollten Sie nachhaltig Gelegenheiten schaffen, um Ihren Kunden möglichst zwanglos zu begegnen. Dies kann die Vernissage einer Kunstausstellung in Ihrem Firmengebäude sein, die Sie einmal im Jahr für Ihre Kunden ausrichten. Oder einfach eine originelle Adventsfeier, bei der talentierte Mitarbeiter aus Ihrem Unternehmen musikalisch unterhalten. Nutzen Sie jeden denkbaren Anlass, um Ihre Kunden zu treffen: Vom Tag der offenen Tür bis zu Sonderveranstaltungen sollte alles denkbar sein. Ich hatte mit meinem letzten Unternehmen beispielsweise die Fußball-Weltmeisterschaft gleich für mehrere Kundenveranstaltungen genutzt. Als der WM-Globus ein Jahr vor der WM in Nürnberg gastierte, luden wir unsere Kunden zu einer heiteren brasilianischen WM-Nacht ein, bei der als Stargast Harald „Toni" Schumacher, der deutsche Nationaltorhüter bei der WM 1982 in Spanien, von seinen Erfahrungen erzählte. Und brasilianische Samba-Tänzerinnen sorgten für eine beschwingte und lockere Stimmung. Viele Kunden schwärmten mir noch Monate später vor, wie sehr Sie diesen Abend mit uns genossen hatten. Und der angenehme Nebeneffekt war für das Unternehmen, dass sogar das Fernsehen über dieses Event berichtete. Während der WM dann veranstalteten wir für unsere Kunden ein pfiffiges Kicker-Turnier: Schon in der Einladung wiesen wir darauf hin, dass alle in Freizeitkleidung kommen sollten. Am Eingang erhielt jeder Kunde ein weißes Fußballtrikot zum Anziehen, nette Hostessen malten auf die Gesichter verschiedene Flaggen von Ländern, deren jeweiligen Teams die Gäste dann zugeteilt wurden. Und dann begann die Kicker-WM – es war für alle ein Mordsspaß! Gerade solch ungezwungenen Freizeitveranstaltungen schaffen wertvolle Verbindungen.

Eine Partnerschaft kann auch sichtbar über die Homepage des Unternehmens vertieft werden, indem dort ein Link auf die Website der wichtigen Kunden angebracht wird. Oder in der Firmenzeitschrift wird das Unternehmen des Kunden in einem Portrait vorgestellt („wir gehen Hand in Hand mit unseren Kunden"). Möglich wäre auch eine stärkere Einbindung der Kunden über spezielle Diskussionsforen zu den Produkten oder Dienstleistungen des Unternehmens. Ein netter Nebeneffekt wäre hierbei die schnelle Rückspiegelung der Kundenmeinung.

Generell sollten die Kunden dazu ermutigt werden Ihre Meinung ungeschminkt zu sagen. Fordern Sie Ihre Kunden beispielsweise durch einen Hinweis auf jedem Schreiben auf („Rufen Sie uns bitte an!"), Ihre Meinung zu artikulieren. Schalten Sie hierzu eine **gebührenfreie** Hotline, deren Ergebnisse laufend der Geschäftsführung vorgelegt werden. Sehr wichtig ist in diesem Zusammenhang, dass die Kunden auch ein schnelles Feedback bei Reklamationen erhalten.

Ein ehrliches Interesse wird Kunden durch ein Schreiben signalisiert, das sie beispielsweise der Rechnung in Form einer Kundenbefragung beilegen. Unter dem Motto „wie waren Sie mit unserer Leistung zufrieden" können Sie ein laufendes Feedback einholen. Zu beachten ist hierbei, dass diese Kundenbefragung sich auf wenige Punkte reduziert und den Kunden zeitlich kaum beansprucht. Sofern Kunden sich beschwerden, sollten diese Reklamationen unverzüglich bearbeitet werden; mehr dazu im letzten Punkt dieses Kapitels. Belohnen Sie die Einsender des Fragebogens mit einem kleinen Geschenk – das spornt an.

Das Internet bietet sich als Plattform idealer weise geradezu dafür an, das Ideenpotential der Kunden „anzuzapfen." Ihre Kunden wissen am besten, wie Ihre Produkte und Dienstleistungen noch verbessert werden können und wo deren Schwachstellen und Probleme liegen. Fordern Sie Ihre Kunden offensiv auf Ihrer Homepage mit einer Ideenbörse auf, Ihnen diese Verbesserungsvorschläge oder gleich völlig neue Produktideen mitzuteilen. So schaffen Sie ohne großen Aufwand ein externes Vorschlagswesen. Bedanken Sie sich bei jedem Einsender mit einem kleinen Präsent und weisen Sie darauf hin, dass die Einsendungen laufend von einem Innovationsmanager auf Ihre Umsetzungsfähigkeit geprüft werden. Die besten Vorschläge werden im Rahmen einer jährlichen Innovationsfeier von Ihnen ausgezeichnet; der Bahn brechendste Vorschlag wird zum Kundenpatent des Jahres ernannt – mit der Verleihung Ihres „Kundenoscars." Eine Alternative hierzu wäre die Implementierung eines Lead-User-Konzepts, bei der eine exklusive kleinere Gruppe aus besonders innovativen Kunden enger an Ihr Unternehmen gebunden wird. Diese Lead User entwickeln gemeinsam mit Ihnen in Workshops Ihre Produkte weiter oder sind so genannte Pilotanwender, die neue Produkte noch vor der Markteinführung exklusiv erhalten und testen können, wobei Sie Ihre Erkenntnisse dem Unternehmen zurückspielen. Lead User qualifizieren sich für diese Aufgabe einerseits dadurch, dass sie außergewöhnliche Kunden sind, die sich durch Ihre Innovationsbereitschaft von der Masse abheben, andererseits eine hohe Motivation zur Mitarbeit an Entwicklungen haben, weil sie sich davon einen besonderen Nutzen versprechen.

Abschließend zu diesem Kapitel noch ein Hinweis: Jeder Manager sollte mit seinen Mitarbeitern mehrmals im Monat seine Kunden besuchen, um deren Bedürfnisse und Probleme kennen zu lernen. So reduziert man die immer latent existierende Gefahr, dass man sich als Vorstand oder Geschäftsführer allmählich von der Lebenswirklichkeit der Kunden entfremdet. Stellen Sie sich immer wieder die Frage bei Ihren Unternehmensentscheidungen: Was nutzt das jetzt meinen Kunden?

Und jetzt sind Sie wieder an der Reihe: Welche außergewöhnlichen Maßnahmen wollen Sie mit Ihrem Unternehmen ergreifen, um die Partnerschaft mit Ihren Kunden zu vertiefen?

....

....

....

....

....

....

....

....

....

XII.5 Gesichter für das Land des Lächelns

„Alle Freude dieser Welt erwächst aus dem Wunsch, andere glücklich zu sehen; alles Leiden dieser Welt erwächst aus dem Wunsch, sich selbst glücklich zu sehen." – Shantideva, Vertreter des Mahayana-Buddhismus, 7. Jahrhundert

Unternehmen brauchen Gesichter, um wirksame Kundenbindung zu erzeugen. Weder Daimler noch Siemens oder die Commerzbank haben ein Gesicht; es sind immer die Mitarbeiter, die diese Unternehmen verkörpern. Und Kunden wollen den persönlichen Kontakt, damit sich eine Loyalität und stabile Beziehung aufbauen kann. Ein Call-Center kann – wie schon mehrfach ausgeführt – diesen persönlichen Kontakt nie und nimmer ersetzen. Und wie oft ist es schon passiert, dass mit einem Mitarbeiter auch die Kunden des Unternehmens weggehen. Mein Freund aus Prag übernachtete jahrzehntelang in einem bestimmten Nürnberger Hotel wegen des freundlichen und persönlichen Empfangs durch einen Mitarbeiter an der Rezeption, der ihm immer Behaglichkeit und ein Nachhausekommen vermitteln konnte. Als dieser eines Tages in den Ruhestand ging, besuchte mein Freund dieses Hotel noch ein einziges Mal. Da der Nachfolger die persönliche Ansprache und Herzlichkeit seines Vorgängers nicht verkörperte, verabschiedete sich mein Freund lautlos für immer und suchte sich ein neues Hotel.

Dieses Beispiel verdeutlicht, wie wichtig exzellente Mitarbeiter für den Kundenkontakt sind. Um die Krönung „Kundenbegeisterung" zu erreichen, ist es entscheidend, dass Sie für Ihr Unternehmen die richtigen Service-Mitarbeiter gewinnen. Nicht irgendwelchen Durchschnitt, sondern die besten, diejenigen, die Service mit Herz und Leidenschaft leben. Der Kaizen-Experte Minoru Tominaga weist zu Recht darauf hin, dass ein Unternehmen, das seinen Mitarbeitern kundenfreundliches Verhalten und Service orientiertes Denken antrainieren muss, eigentlich schon verloren hat.[46] Gesucht sind demnach die Naturtalente! Ja, Sie lesen richtig, T-A-L-E-N-T-E. Sicher kann man Dienstleistungsmentalität auch antrainieren und verbessern, aber ich bin der Auffassung, dass Leute ohne das Service-Gen immer nur Durchschnitt bleiben werden und damit ihr Un-

46 Bestmann, K. und Leyer, B., Servicequalität mit System, a.a.O.

ternehmen nur zufriedene, aber keine begeisterten Kunden hat. Die Naturtalente sind einfühlsam und hilfsbereit, suchen immer nach Lösungen für den Kunden, hören aufmerksam zu, lächeln und geben ihren Gesprächspartnern das wichtige Gefühl, Ernst genommen zu werden und in diesem Moment ausschließlich für sie da zu sein. Und sie erklären sich immer für zuständig und helfen weiter. Besonders wertvoll sind die Service-Chamäleons: Das sind Mitarbeiter mit einer ausgeprägten emotionalen Intelligenz und Empathie, die sich den Schwingungen des Kunden unbemerkt anpassen können und auf diese Weise eine besondere Sympathie und ein ausgesprochenes Wohlgefühl erzeugen können, ohne dass sie gekünstelt, aufdringlich und „schleimig" wirken. Gute Service-Mitarbeiter leben nach dem Motto: „Wie kann ich beim Kunden Liebe zu unserem Unternehmen auf den ersten Blick erzeugen?" Wichtig bleibt für alle Mitarbeiter, dass sie sich in einer offenen Unternehmenskultur frei entfalten können, bestens informiert sind, sich selbst wohl fühlen, damit sie ihre Begeisterung den Kunden vermitteln können. Jetzt schließt sich gewissermaßen wieder der Kreis: Die Basis für jeden Erfolg ist die wirksame Mitarbeitermotivation, der ich deshalb in diesem Buch einen größeren Raum gewidmet habe. Erst wenn Sie als Chef den Korken der Flasche ziehen, kann der Mitarbeitergeist entweichen und die Kunden be-geist-ern.

Nun stellt sich zwangsläufig die Frage, wie Sie diese Servicetalente finden und gewinnen können. Ich gebe Ihnen hierzu eine einfache Antwort: Sie selbst sind das „Trüffelschwein", das diese Rohdiamanten entdecken wird. Service-Mitarbeiter sind immer die Visitenkarte des Unternehmens; sie auszuwählen ist Chefsache. Lassen Sie sich zum einen vom ersten Eindruck leiten; Ihre Kunden werden dies später auch tun. Wie freundlich und vor allem offen ist das Auftreten? Wie kann sich Ihr Gegenüber auf den Gesprächspartner einstellen? Besitzt er den Chamäleon-Effekt? Wirkt der Bewerber sympathisch und vor allen Dingen authentisch? Ist er höflich und hilfsbereit? Im Laufe des Vorstellungsgesprächs gilt es dann die Serviceeigenschaften anhand spezieller Fragen heraus zu kristallisieren: Was würden Sie in unserem Unternehmen machen, um unseren Kunden einen herausragenden Service zu bieten? Wie haben Sie bislang den Service unseres Unternehmens als Außenstehender wahrgenommen? Sehen Sie Verbesserungspotential? Konstruieren Sie ein Fallbeispiel mit einem Ihrer problematischen Kunden und fragen Sie den Bewerber, wie er hierauf reagieren würde. Lassen Sie sich Beispiele nennen, bei denen der Bewerber nach seiner Auffassung dem Kunden gegenüber etwas Besonderes oder Herausragendes geleistet hat? Ich bin überzeugt, dass Sie schon bald mit den idealen Mitarbeitern und einer offenen Unternehmenskultur für Ihre Kunden das Land des Lächelns erzeugen können.

XII.6 Kundenbeschwerden sind ein Goldschatz

Kundenbegeisterung kann nur durch außergewöhnliche Servicequalität erzielt werden und Qualität ist immer ein kontinuierlicher Verbesserungsprozess und ein Reduzieren von Mängel und Fehlern. Nicht umsonst steckt in dem Wort Qualität die Q-U-A-L. Das Streben nach Höchstleistung und Perfektion wird anstrengend und mühsam sein, sich letztlich jedoch lohnen.

„Qualität ist, wenn der Kunde zurückkommt und nicht das Produkt!" – Daimler AG

Dieses ständige Verbessern setzt jedoch voraus, dass Sie die Schwachstellen und Qualitätsprobleme Ihrer Produkte oder Dienstleistungen erkennen. Insofern sollten Beschwerden Ihrer Kunden ein wahrer Goldschatz für Sie sein, den Sie sorgsam behandeln sollten, da er einen unverfälschten Lackmustest für die Qualität Ihres Unternehmens darstellt. Insoweit fungiert als oberster Qualitätsmanager im Unternehmen der Chef selbst; Qualitätsverbesserung kann letztlich nicht an die Mitarbeiter im Qualitätsmanagement abgetreten werden, ohne dass sich die oberste Führung darum kümmern würde. Wenn sich ein Kunde beschwert, dann ist dieser Beschwerde Vorfahrt in der Unternehmensorganisation einzuräumen und der Kunde ernst zu nehmen. Er hat ein Recht auf unverzügliche Prüfung seiner Beschwerde, auf eine Antwort mit einer zufrieden stellenden Lösung. Und das Unternehmen hat die Pflicht seine Schwachstellen abzustellen. Ich hatte schon einmal an anderer Stelle in diesem Buch darauf hingewiesen: Die meisten unzufriedenen Kunden verabschieden sich lautlos, ohne dass Sie Ihnen die Gründe für Ihre Enttäuschung oder Verärgerung offen legen. Die Kunden, die sich ausdrücklich beschweren, zeigen Ihnen, dass sie ein besonderes Interesse an Ihrem Unternehmen haben. Wenn Sie nun mit einer kurzen Reaktionszeit eine gute Lösung für den Kunden herbeiführen, überraschen Sie, Ihr Kunde wird noch stärker gebunden als zuvor und er wird in seinem Bekanntenkreis hierüber berichten. Das ist positives Empfehlungsmarketing! Wurde ein Kunde von einem Ihrer Mitarbeiter nicht freundlich behandelt, dann entschuldigen Sie sich nicht nur, sondern schenken Sie dem Kunden vielleicht einen Gutschein als Geste der Wiedergutmachung. Und sehen Sie es mit Ihren Mitarbeitern positiv: Eine Beschwerde gibt Ihnen eine weitere Chance, um mit Ihrem Kunden persönlich in Kontakt zu treten.

All dies setzt ein effizientes Beschwerdemanagement in Ihrem Unternehmen voraus, das es einzurichten gilt und das vor allem mit Leben erfüllt werden muss. Ermuntern Sie Ihre Kunden zu einem kritischen Feedback und machen Sie es Ihnen leicht, Ihre Beschwerde an der richtigen Stelle loszuwerden, beispielsweise über Ihre Homepage. Schalten Sie eine gebührenfreie Beschwerde-Hotline, auf die Sie in Ihren Rechnungen explizit hinweisen: „Sollten Sie mit unseren Leistungen einmal nicht zufrieden sein, rufen Sie uns bitte an." Installieren Sie einen Beschwerdemanager, der sich unverzüglich um die Bearbeitung der Kundenklagen kümmert und der Geschäftsleitung regelmäßig berichtet und mit ihr gemeinsam Maßnahmen zur Qualitätsverbesserung einleitet. Erheben Sie Ihre Produkt- oder Servicequalität zu einem Ihrer herausragenden Unternehmensziele und informieren Sie Ihre Mitarbeiter regelmäßig über Zahl und Inhalte der Beschwerden. Und rufen Sie als Chef höchstpersönlich verärgerte Kunden an, das beeindruckt und überrascht diese und signalisiert ihnen, wie wichtig sie vom Unternehmen genommen werden.

Wie könnte das Beschwerdemanagement in Ihrem Unternehmen aussehen? Welche Maßnahmen wollen Sie ergreifen?

....

....

....

....

....

....

XIII ZU GUTER LETZT

„Eine lange Reise beginnt mit dem ersten Schritt." - Laotse

Ich wollte Ihnen mit diesem Buch Anregungen für eine andere Unternehmensführung geben, deren Ziel es ist, die Kräfte der Mitarbeiter zu entfesseln, ein die Kreativität förderndes Umfeld zu schaffen, das jenen gut gedüngten Nährboden für Innovationen und Kundenbegeisterung darstellt. Es wäre mir eine Freude, wenn ich Ihnen den einen oder anderen Impuls dazu geliefert hätte. Tun Sie einfach den ersten Schritt! Gemeinsam mit Ihren Mitarbeitern!

„Die Hummel hat eine Flügelfläche von 0,7 Quadratzentimetern bei einem Gewicht von 1,2 Gramm. Nach den bekannten Gesetzen der Aerodynamik kann sie nicht fliegen. Die Hummel weiß das nicht. **Sie fliegt einfach!**" – Jürgen Höller[47]

47 Höller, Jürgen, Alles ist möglich, Strategien zum Erfolg, Econ, 3. Auflage 2001

XIV LITERATUR

Bestmann, Karen / Leyer, Babette: Servicequalität mit System, Ludwig, 2007

Beyer, Günther / Beyer Metta: Innovations- und Ideenmanagement, Econ, 1994

Bock, Petra: Die Kunst, seine Berufung zu finden, Scherz, 2005

Brahm, Ajahn: Die Kuh, die weinte, Lotos-Verlag, 2007

Förster, Anja / Kreuz, Peter: Alles, außer gewöhnlich, Provokante Ideen für Manager, Märkte, Mitarbeiter, Econ, 2007

Geißlinger, Hans: Überfälle auf die Wirklichkeit, Berichte aus dem Reich der Story-Dealer, Carl-Auer-Systeme-Verlag, 1999

Goeudevert, Daniel: Das Seerosen-Prinzip, Wie uns die Gier ruiniert, Dumont, 2. Auflage 2008

Goleman, Daniel / Boyatzis, Richard / Mc Kee, Annie: Emotionale Führung, Econ, 2002

Grün, Anselm: Menschen führen – Leben wecken, dtv, 2006

Höller, Jürgen, Alles ist möglich, Strategien zum Erfolg, Econ, 3. Auflage 2001

Jennewein, Wolfgang: Das Klinsmann-Projekt, in: Harvard Business Manager, Juni 2008

Leinemann, Jürgen: Höhenrausch, Blessing-Verlag, 2004

Malik, Fredmund: Führen – Leisten – Leben, Heyne, 2001

Malik, Fredmund: Gefährliche Managementwörter, FAZ-Institut für Management-, Markt- und Medieninformationen GmbH, 2004

Michalko, Michael: Erfolgsgeheimnis Kreativität, Was wir von Michelangelo, Einstein & Co lernen können, mvg, 2001

Micic, Pero: Das Zukunftsradar, Die wichtigsten Trends, Technologien und Themen für die Zukunft, Gabal management, 2006

Noack, Karsten: Kreativitätstechniken, Schöpferisches Potential entwickeln und nutzen, Cornelsen, 2005

Patalas, Thomas: Guerilla Marketing – Ideen schlagen Budget, Cornelsen, 2006

Schami, Rafik: Erzähler der Nacht, dtv, 1989

Schröder, Jörg-Peter: Machen Sie doch, was Sie wollen, Gabal, 2003

Schwanfelder, Werner: Sun Tzu für Manager, Die 13 ewigen Gebote der Strategie, Campus, 2004

Sprenger, Reinhard K.: Das Prinzip Selbstverantwortung, Campus, 1995

Tepperwein, Kurt: Die hohe Schule der Hypnose, mvg-Verlag